# 载人火星探索中空间核动力推进

# SPACE NUCLEAR PROPULSION for Human Mars Exploration

[美] 美国国家科学院、工程院和医学院
工程和物理科学司
航空航天工程委员会
空间核推进技术委员会 著

田 岱 邵剑雄 罗雨微 韩承志 译

中国宇航出版社
·北京·

**图书在版编目（CIP）数据**

载人火星探索中空间核动力推进 / 美国国家科学院、工程院和医学院等著；田岱等译. -- 北京：中国宇航出版社，2023.3

书名原文：Space Nuclear Propulsion for Human Mars Exploration

ISBN 978-7-5159-2211-9

Ⅰ.①载… Ⅱ.①美… ②田… Ⅲ.①载人航天器－火星探测器－核动力装置－研究 Ⅳ.①V476.4

中国国家版本馆 CIP 数据核字(2023)第 040555 号

**责任编辑** 马　喆　　**封面设计** 王晓武

**出　版**
**发　行** 中国宇航出版社

**社　址** 北京市阜成路 8 号　**邮　编** 100830
(010)68768548

**网　址** www.caphbook.com

**经　销** 新华书店

**发行部** (010)68767386　(010)68371900
(010)68767382　(010)88100613(传真)

**零售店** 读者服务部
(010)68371105

**承　印** 北京中科印刷有限公司

**版　次** 2023 年 3 月第 1 版　2023 年 3 月第 1 次印刷

**规　格** 880×1230　**开　本** 1/32

**印　张** 4.125　**彩　插** 4 面　**字　数** 120 千字

**书　号** ISBN 978-7-5159-2211-9

**定　价** 69.00 元

本书如有印装质量问题，可与发行部联系调换

# 中译版序

经过几代科研工作者的不懈努力，我国的航天事业蓬勃发展，航天强国建设的步伐也越发坚定有力。目前，我国深空探测事业的探索范围已经从月球逐步扩展到火星、小天体等更远的太阳系天体，涌现出了一大批前沿科学发现与原创性研究成果，未来还将探索木星以及更遥远的宇宙空间，进一步拓展人类对宇宙起源认知、助力探寻生命起源。

随着深空探测任务的发展，也使我们对太阳能应用的局限性有了更深刻的认识。在距离地球越来越远的探索旅途中，随着太阳光强的衰减，现阶段普遍使用的太阳能技术无法满足未来更远深空探测事业发展的需求。在目前人类知识体系的认知范围内，空间核能技术是唯一的技术解决途径。在NASA已经实施的6个木星系以远深空探测任务中，均使用空间核能装置作为能量来源。此外，空间核能装置也广泛应用于月球、火星探测活动中。

面向未来发展，在2022年1月发布的《2021中国的航天》白皮书中提出的国际月球科研站建设、木星系探测、太阳系边际探测等任务，都需要空间核能技术的支持。

空间核动力推进技术是空间核能技术的重要内容之一，也是为未来探索更远深空提供推进动力的一种重要技术。本书翻译自

《Space Nuclear Propulsion for Human Mars Exploration》一书。2020年，NASA组织美国国家科学院、工程院相关专家，以载人火星探测任务为背景，对空间核推进应用的主要技术、系统挑战进行了全面的整理和归纳，并根据探测任务需求对核电推进系统、核热推进系统的技术优势与风险进行了对比和评估。本书可为我国相关专业的管理人员、技术人员和对空间核能技术感兴趣的读者提供参考。

杨孟飞

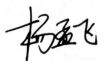

# 译者序

空间核动力是实现航天工业、核工业两大前沿领域融合的交叉技术，是未来航天事业进一步向更远深空发展的重要技术途径。自1965年第一颗核动力航天器在轨运行以来，近六十年间人类共发射了79颗核动力航天器（含同位素电源、反应堆电源），广泛应用于军事航天、深空探测等领域，在轨应用的最高功率约5kW。进入新世纪以来，大功率核动力航天器的重要性再一次引起各航天强国的重视，美国Kilopower项目拟在月球表面实现应用，俄罗斯积极推进兆瓦级核动力拖船项目。

本书以载人火星任务为背景，系统性地对比了核电推进系统、核热推进系统的技术特征，并对所涉及的各项技术（包括大功率反应堆技术、高效热电转换技术、大功率电推进技术等）现阶段的技术水平进行了评估，提出了未来的技术发展路线图。特别地，对核推进系统涉及的核心技术途径选择、关键技术问题进行了分析与论证。本书可为从事相关技术研究、开发的人员提供一定的参考。

本书的译者均是来自高校、科研院所的一线航天工作者。其中，田岱高级工程师主要负责第一、三章的翻译工作，邵剑雄教授主要负责第二章的翻译工作，韩承志工程师主要负责第五章的翻译工作，罗雨微工程师负责第四章和其他部分的翻译工作以及全书的校对工作。

在本书翻译成稿过程中，得到了多位专家的指导与帮助：感谢中国空间技术研究院朱安文研究员完成了对初稿的审阅工作，提出了宝贵的修改意见；感谢兰州空间技术物理研究所刘家涛高级工程师在电推进方面提出的修改建议；感谢中国工程物理研究院向清沛研究员在空间核能源方面提供的技术支持；感谢中国空间技术研究院杨孟飞院士在成稿过程中提供的指导。

由于水平所限，如有不妥之处，敬请各位读者给予指正。

# 前　言

NASA 的空间技术任务理事会要求美国国家科学院、工程院和医学院组建一个专门委员会，以确定开发和演示未来探索任务所关注的空间核推进技术的主要技术与方案挑战、优点及风险。受到关注的这类系统被指定为核热推进系统和核电推进系统。该委员会还负责确定关键里程碑、顶层技术发展和演示路线图，以及成功开发这些系统后得以实现的其他任务。

美国国家科学院工程与物理科学部航空航天工程委员会组建了这个专门委员会来执行这项指定的任务（任务说明见附录 A）。委员会成员（见附录 C）在 2020 年举行了 14 次线上会议，并根据公开会议期间收到的意见、委员会审查的其他文件以及成员的专业知识起草了本报告。附录 B 列出了报告正文中出现的所有调查结果和建议。

联席主席 Robert D. Braun

联席主席 Roger M. Myers

空间核推进技术委员会

# 鸣 谢

本共识研究报告由根据不同观点和技术专长而选择的个人以草稿形式进行了评审。这种独立评审的目的是提供坦率和批判性的意见，以帮助美国国家科学院、工程院和医学院使每一份已发表的报告尽可能完善，并确保其质量、客观性和证据以及研究费用的使用符合相关机构标准。评审意见和草稿保密，以保护审议过程的完整性。我们感谢以下人员对本报告的评审：

Douglas M. Allen，Schafer 公司（已退休）

Douglas M. Chapin，NAE（美国国家工程院院士） MPR Associates 公司（已退休）

Antonio Elias，NAE（美国国家工程院院士） 轨道 ATK 公司（已退休）

Christopher F. McKee，NAS（美国国家科学院院士） 加州大学伯克利分校

Kelsa Benensky Palomares，分析力学联合公司

Gerald Prudom，顾问（已退休）

Susan S. Voss，全球核网络分析有限责任公司

Edward L.（Ned）Wright，NAS（美国国家科学院院士） 加州大学洛杉矶分校

尽管上文列出的审稿人提供了许多建设性的意见和建议，但并未要求他们认可本报告的结论，他们也未在发布前看到最终稿。本报告的评审由美国国家工程院院士、加州大学伯克利分校的 William Kastenberg（已退休）和美国国家工程院院士、独立顾问 Lester Lyles 监督。他们负责确保对这份报告的独立审查是按照美国国家科学院的标准进行的，并且所有审查意见都得到了仔细考虑。最终内容的责任完全由专门委员会和美国国家科学院承担。

# 目　录

# 摘 要

为了确定开发和演示未来载人火星探索任务所关注的空间核推进技术的主要技术与方案挑战、优点及风险，美国国家科学院、工程院和医学院在2020年组建了空间核推进技术委员会。通过与来自整个空间推进领域的专家进行互动，委员会从当前技术水平、潜在的发展道路以及未来的关键风险等方面，对如下两种系统进行了评估：（1）核热推进（NTP）系统，设计用于产生至少900 s的比冲[①]；（2）核电推进（NEP）系统，具有至少1 MW的电功率(MWe)，且质量功率比明显优于当前的技术水平。按照NASA的要求，空间核推进技术委员会对各系统的能力进行了评估，从而支持一项特定的基线任务（即发射日期为2039年的冲型载人火星探索任务）[②,③]。对于NEP和NTP系统，推动必要技术成熟化发展和降低关键技术风险的工作已整合到顶层开发和演示路线图中。此外，空间核推进技术委员会还审查了技术成果、专业知识以及与其他政府项目和任务的协同作用。

在包括商业界和学术界在内的其他关键利益相关者的投入下，近期内，NASA和美国能源部（DOE）应对用于基线任务的NTP和NEP系统的高浓缩铀（HEU）和高富集度低浓缩铀（HALEU）燃料的相对优点和挑战进行全面评估。

对于NEP系统而言，最根本的挑战是扩大NEP各分系统的运行功率，并开发一个适合基线任务的集成NEP系统，因此需要对系

---

① 比冲（$I_{sp}$）是火箭（或电推进器）的推力除以推进剂的质量流率。$I_{sp}$的单位是秒（s）。

② 对火星的冲型（opposition - class）任务的任务时间较短，但需要比合型（conjunction - class）任务更强大的推进系统。

③ 2039年的载人探索任务将由2033年启动的货运飞行任务拉开帷幕。

统做出许多改进（例如，将当前功率和热管理系统的功率水平提高几个数量级）。目前还从未有 MWe 级的 NEP 系统进行过集成系统测试，而基线任务要求系统具备多年的运行可靠性。最后，将复杂的 NEP 系统应用于基线任务需要并行开发兼容的大型化学推进系统，以便在离开地球轨道以及进入和离开火星轨道时提供主要推力。美国政府在过去的几十年里对该领域的投资很少且断断续续，因此即便采取激进计划，美国也不能保证能开发出可在 2039 年执行基线任务的 NEP 系统。

NTP 开发面临四大挑战，通过采取激进计划能够克服这些挑战，并在 2039 年完成基线任务。最根本的挑战是开发一个 NTP 系统，该系统可以在每次点火期间将推进剂在反应堆出口处加热至 2 700 K 左右的温度。另外三项挑战分别是：在空间中以最小的损失长期贮存液氢；缺乏足够的地面测试设施；需要迅速（最好在1 min 或更短的时间内）使 NTP 系统达到完全运行温度。尽管美国已经对 NTP 技术进行了地面测试，但这些测试是在近 50 年前进行的，并没有完全满足飞行系统的要求：重新建立开展必要地面测试的试验能力将耗费大量的资金和时间。此外，NTP 系统尚未在空间环境中进行过实际运行验证。

尽管美国在近期开展了燃料开发工作，但燃料开发领域仍将是一项挑战，且对 NTP 系统而言，燃料开发领域的挑战尤为明显。目前，尚未对 NTP 和 NEP 系统的 HALEU 与 HEU 燃料进行全面评估，评估适用于基线火星任务的全套关键参数。同样，目前还未开展以载人火星任务为背景，特别是以基线飞行任务为背景的 NEP 和 NTP 系统的对应比较研究（apples - to - apples trade study）。因此，空间核推进技术委员会建议，NASA 和 DOE 与其他主要利益相关方（包括商业界和学术界）一起，对适用于基线飞行任务的 HEU 和 HALEU 燃料，在 NEP 和 NTP 系统方面的相对优点和挑战开展全面、迅速的评估。

委员会建议，开发可操作的 NTP 和 NEP 系统应包括建模和仿真方面的大量投资，此外还需要进行地面和飞行鉴定试验。对于NTP系统，地面测试应包括全尺寸和最大推力下的综合系统测试。对于NEP系统，地面测试应包括全尺寸和全功率下的模块化分系统测试。鉴于在第一次载人飞行任务之前需要向火星发射多次货运任务，委员会还建议NASA将这些货运飞行任务作为鉴定空间核推进系统是否适用于载人任务的一种手段。

NEP系统和NTP系统在促进人类探索火星方面展现出了巨大的潜力。然而，在2039年之前，无论是使用NEP还是NTP系统来执行基线任务都需要一项激进的研发计划。这样一项计划需要从NASA在来年做出一系列重要的总体规划和投资决策开始。为客观比较NEP和NTP系统满足2039年基线任务发射要求的能力，NASA特别应该开发自洽的指标体系和专业技术要求。

# 第1章　引言与基线任务要求

## 1.1 引言

载人火星探索是一项艰巨的任务。安全地运送航天员往返火星，需要在许多技术领域（例如：推进系统）取得进展，从而研制出能够应对各项挑战的航天器。与完全非核方法相比，先进的核推进系统（全核推进系统或核推进系统与化学推进系统相结合）有可能大幅缩短飞行时间。与长时间航天任务相比，较短的飞行时间降低了与空间辐射、零重力、发射与轨道组装要求等许多方面相关的风险。

本报告评估了为载人火星探索开发的核热推进（NTP）系统、配备化学推进系统的核电推进（NEP）系统的主要技术与方案挑战、优点及风险。报告中还包含了 NEP 和 NTP 发展路线图与关键里程碑。

NASA 的许多研究都考虑使用 NTP 或 NEP 来帮助实现人类火星探索[①,②,③]。表 1－1 给出了与核能、太阳能和化学推进系统相关的任务场景以及各种任务参数。发射方案因每次研究时使用或开发的发射系统而异。由于载人火星任务在发射质量和飞行时长方面较

---

① D. Portree, "Humans to Mars: Fifty Years of Mission Planning, 1950—2000," Monographs in Aerospace History # 21, NASA SP - 2001 - 4521, 2001, https://history.nasa.gov/monograph21/humans_to_Mars.htm.

② Explore Mars, Inc., The Humans to Mars Report, 2000, https://www.exploremars.org/wp-content/uploads/2020/08/H2 MR_2020_Web_v1.pdf.

③ NASA, Human Exploration of Mars Design Reference Architecture 5.0, NASA SP - 2009 - 566, 2009, https://www.nasa.gov/pdf/373665main_NASA - SP - 2009 - 566.pdf.

以往所有的航天任务都更具挑战性，因此空间推进是实现此类任务的一项关键技术，这从各项任务研究中所考虑的多种推进系统中就可见一斑。

在大约 26 个月的周期内，地球和火星之间的距离在 5 500 万千米至 4 亿千米之间。在这一周期内，发射（或从地球出发）的要求变化很大。

每个 26 个月的周期都不一样。就往返火星任务的总速度增量（$\Delta V$）而言，推进系统的性能要求因发射窗口的不同而变化。特定任务的 $\Delta V$ 还取决于其他任务限制，尤其取决于在火星上的停留时间和期望的航行时间。

载人火星任务分为两种类型：合型（conjunction class）和冲型（opposition class）。合型任务对 $\Delta V$ 的要求最低。对于载人合型任务来说，每次单程飞行的时间通常为 180～210 天，在火星上停留的时间通常为 500 天或以上，总任务时间约为 900 天①。这些是表 1－1 中的“长期驻留”任务。

**表 1－1　载人火星任务场景**

| | |
|---|---|
| 表面停留时间 | • 火星表面短期驻留(30～90 天)(冲型)<br>• 火星表面长期驻留(约 500 天)(合型) |
| 飞行器 | •“航天员和货物一起发射”(All－up)(没有单独的货运任务)<br>• 货运任务先于载人任务 |
| 火星轨道方案 | • 低火星轨道(如高度 200～400 km,轨道周期 1～2 h)<br>• 火星椭圆轨道,轨道周期 1 火星日<br>• 火星同步轨道(即航天器在火星表面的相同地理位置上运行)<br>• 火卫一(Phobos)行动基地 |

① NASA, Human Exploration of Mars Design Reference Architecture 5.0 Addendum, NASA－SP－2009－566－ADD, 2009, https://www.nasa.gov/pdf/373667main_NASA－SP－2009－566－ADD.pdf.

续表

| | |
|---|---|
| 空间中推进系统方案 | • 核热推进(NTP)<br>• 核电推进(NEP)<br>• 化学增强型 NEP<br>• NEP - NTP 双模<br>• 化学增强型太阳能电推进(SEP)<br>• SEP - NTP<br>• 化学<br>• 化学气动辅助<br>• 气动辅助 NTP |

相反，当地球和火星的轨道排列不太有利，但允许飞行任务在火星表面短暂停留时（表 1 - 1 中“短期驻留”任务）就会发生一段冲型任务。这些任务要求具有更高的 $\Delta V$ ，这就需要更多的推进剂，从而增加了火星运载器的质量以及将这些所需运载器质量发射至其组装轨道的运载火箭数量。冲型任务的特点是在火星上停留的时间要比合型任务要短得多（30～90 天），且总任务时间也比合型任务要短得多（400～750 天）。冲型任务的另一个复杂性是，任务的长航行段通常在轨道面内横穿地球轨道，以减轻该任务段的不利行星排列影响。穿越过程中距离太阳最近处通常和金星轨道相当，这给任务额外带来了热和辐射方面的挑战。图 1 - 1 显示了各项载人任务场景的代表性轨迹①。

## 1.2 基线火星任务：冲型载人任务

NASA 为本报告指定的基线任务是在 2039 年发射的冲型载人火星任务。在这一任务之前，将于 2033 年开始执行货运任务，为乘组预先安置地面基础设施和消耗品。该任务所需的推进系统也足以完成合型任务。基线任务具有以下参数：

① 精确的轨道将取决于许多参数，比如发射日期和推进系统的性质。

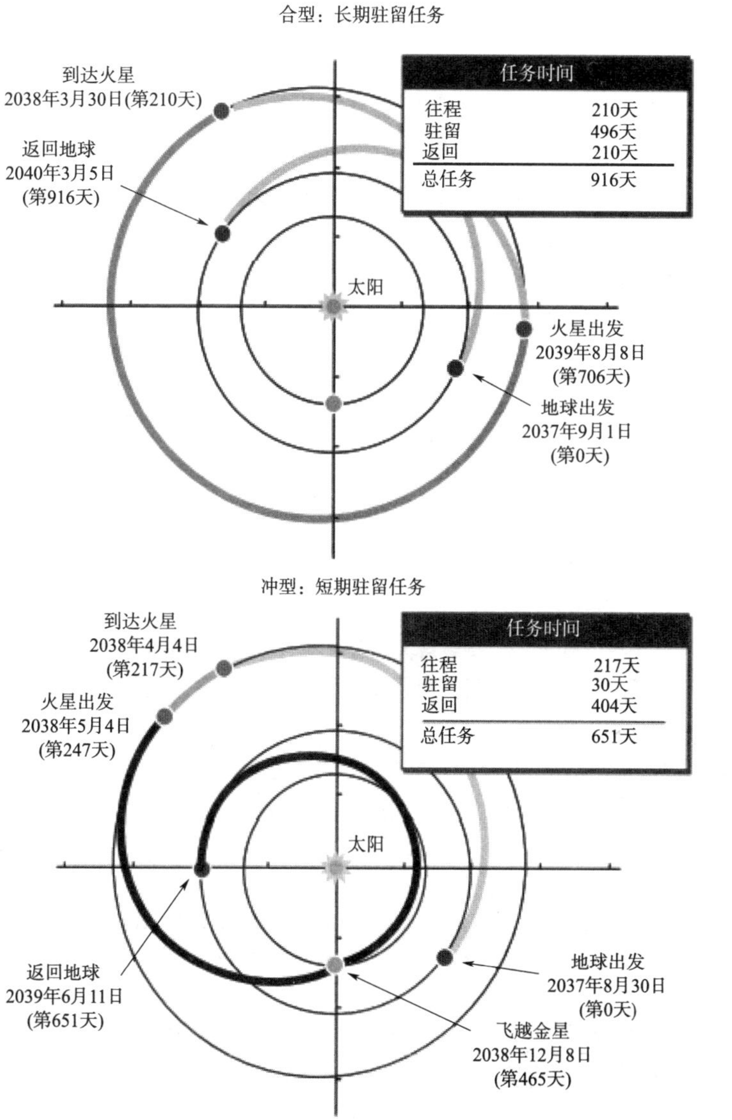


**图 1-1　典型的合型（长期驻留，上图）和冲型（短期驻留，下图）任务轨迹。来源：NASA，Human Exploration of Mars Design Reference Architecture 5.0，NASA-SP-2009-566-ADD，July 2019. https：//www.nasa.gov/pdf/373665main_NASA-SP-2009-566.pdf，p. 48.**

- 载人任务在2039年窗口发射；
- 乘组总行程时间≤750天[①]；
- 载人飞行器和货运飞行器分头执行任务；

  —所有飞行器使用相同的推进系统；

  —货运飞行器在首个乘组离开地球之前抵达火星。
- 在火星表面停留30天；
- 乘组共4名成员，其中2名登陆火星；
- 飞行器系统、货物和推进剂由多枚运载火箭发射至组装轨道，组装轨道可能位于近地轨道或地月空间。

为了满足NEP系统总行程时间的要求，地球出发及火星捕获和出发将通过额外的空间液态甲烷和液态氧化学推进系统得到加强。NEP系统在行星际空间中提供加速和减速。相比之下，NTP系统为所有运输机动提供推进力。各阶段飞行的任务段和推进系统如表1-2所示。

**表1-2　基线载人火星任务的核推进系统架构**

| 推进系统 | TMI | 出发DSM | 火星捕获 | TEI | 返回DSM | 地球返回 |
|---|---|---|---|---|---|---|
| NTP | NTP | NTP | NTP | NTP | NTP | EDL舱 |
| NEP/化学 | NEP/化学 | NEP[a] | NEP/化学 | NEP/化学 | NEP[a] | EDL舱 |

[a]对于某些发射机会，深空机动的总速度增量（$\Delta V$）要求将非常高，以至于NEP系统也需要使用其化学推进系统来满足所需的飞行时间。

注：DSM：深空机动（deep space maneuver）；EDL：进入、下降和着陆；NEP：核电推进；NTP：核热推进；TEI：地球转移轨道（trans-Earth injection）；TMI：火星转移轨道（trans-Mars injection）。

由于地球和火星围绕太阳公转，最有效的轨道会发生变化，因此在15～17年的时间里对推进的要求（$\Delta V$）也不同（见图1-2）。

---

① 假设在组装轨道上运行2年，往返飞行时间为2年，部分硬件的总任务时间可能为4年。

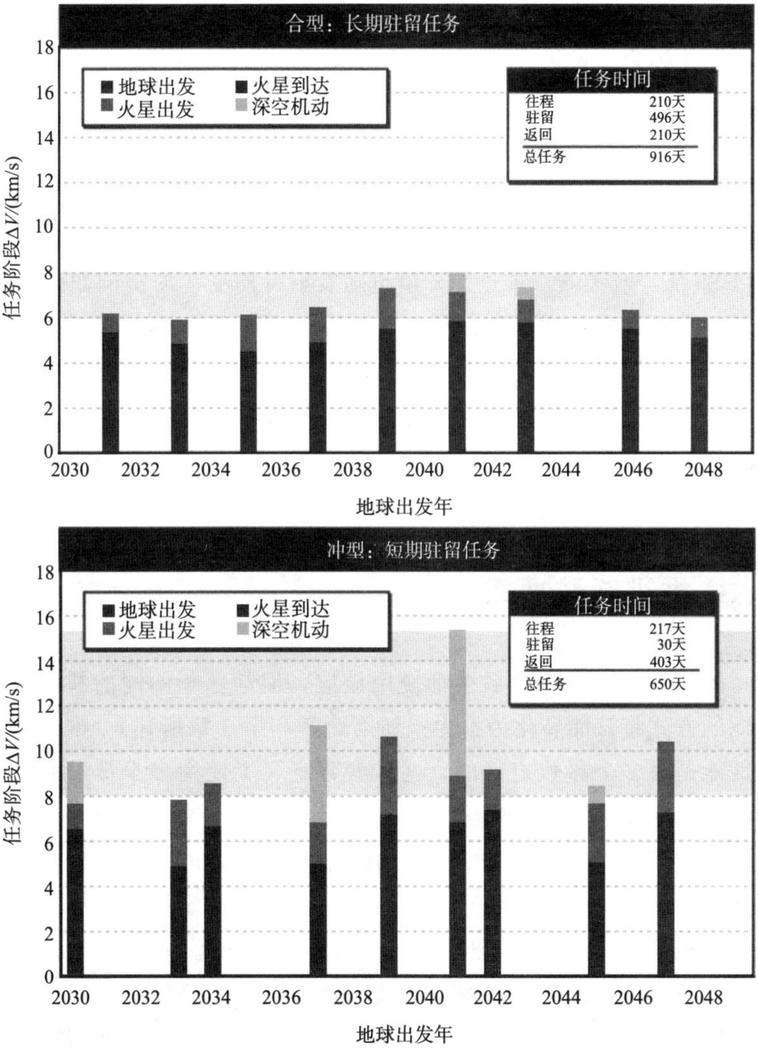


**图 1-2　合型（上）和冲型（下）任务的推进系统总要求（ $\Delta V$ ）。任务参数：轨道优化，假设地球出发轨道为 407 km 的近地圆轨道，在火星处捕获到一条 250 km × 33 800 km 的 1sol（火星日）轨道，在地球处以 13 km/s 的速度直接再入。灰色水平带表示各类任务总 $\Delta V$ 的典型范围。来源：NASA，Human Exploration of Mars Design Reference Architecture 5. 0Addendum，NASA/SP-2009-566-ADD，NASA-SP-2009-566-ADD，2019，p. 57.**

推进系统的多任务适应能力是火星多次往返飞行任务评估中的一个重要因素。推进系统应确保在总体任务参数（比如推进剂质量）无较大变化的条件下，可满足一系列连续发射窗口的 $\Delta V$ 要求。高比冲推进系统是增强这种适应能力的重要途径。尽管不是近年来的关注热点，但此前的研究已经表明了 NTP 在不同发射机会中对冲型任务的影响。针对 $I_{sp}$ 为 480 s 的先进化学推进系统和 $I_{sp}$ 为 825 s 的 NTP 系统，航天器（推进剂）质量随发射日期变化的实例如图 1－3 所示。高比冲系统质量随发射窗口的变化量约为化学推进系统变化量的一半。配以一个常规化学系统的 $I_{sp}$ 为 2 000 s 的 NEP 系统也可能获得类似优势。这一点尤其重要，因为某些发射机会单纯使用化学系统是不可行的。发射日期的灵活性是使用核推进的一项主要设计优势。

## 1.3 推进系统要求

虽然 NEP 和 NTP 系统都使用核能，但却基于不同的技术、以不同的方式将核能转化为推力（如第 2 章和第 3 章所述）。推进系统的性能是由多个参数定义的，这些参数定义了使用多少推进剂以及能够产生多少加速度。对化学或 NTP 系统，两个主要参数是比冲和推力。对于 NEP 系统，比冲对于确定推进剂需求很重要，但推力和加速度是由功率、推力效率和比质量这几个参数定义的。推力效率确定了多少电能被转换为推力，比质量定义为整个 NEP 系统的质量除以推力器可用的电力。NEP 系统的比冲比 NTP 系统高，但推力非常低。建议使用 MWe 级 NEP 系统执行基线任务，因此需要化学推进（具有比 NTP 系统或 NEP 系统低得多的比冲）来满足所需的行程时间要求。

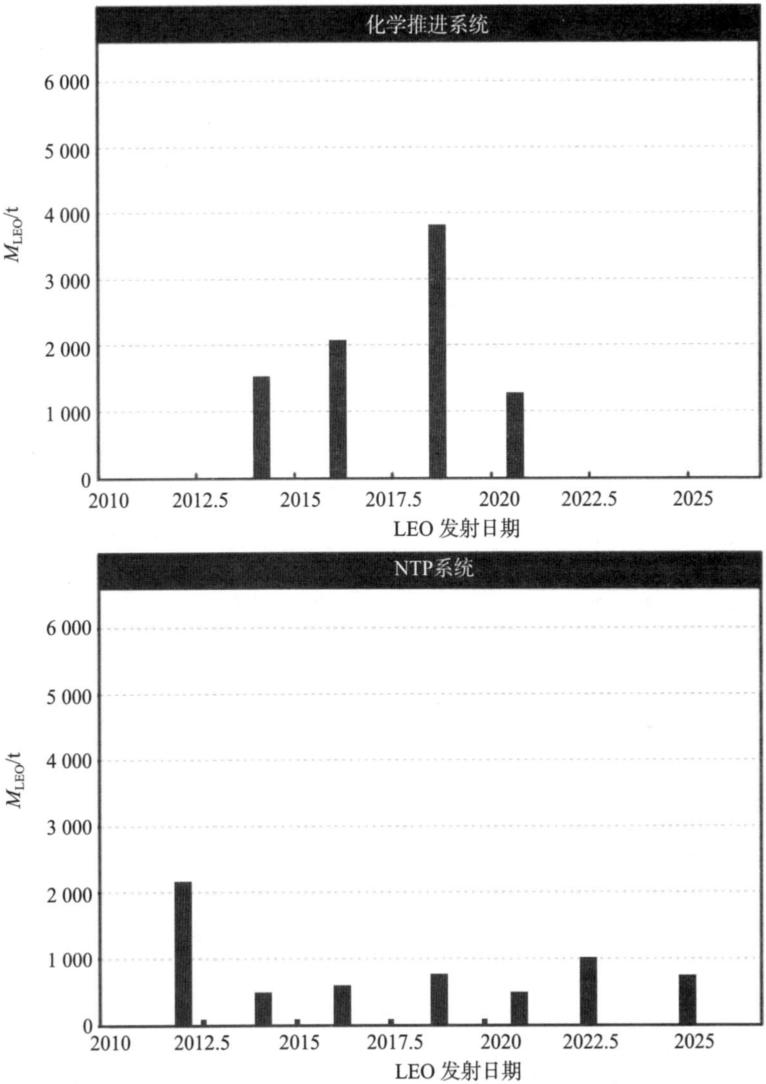


**图 1-3　先进推进装置（此例中是核热推进）在不同发射机会下对总发射质量（推进剂）的影响。注：$M_{LEO}$= 必须发射到近地轨道以完成给定任务的质量。作为参考，国际空间站的质量大约是 400 t。来源：R. D. Braun, and D. J. Blersch, "Propulsive Options for a Manned Mars Transportation System," Journal of Spacecraft and Rockets 29 (1): 85-92, 1991.**

执行基线任务的 NTP 和 NEP 系统性能要求是 NASA 正在进行的研究课题。表 1－3 总结了委员会根据多个来源的信息对 NTP 和 NEP 系统性能要求的估算①。

**表 1－3　基线（冲型）任务的核热推进和核电推进系统要求与指标**

| 核热推进 | | 核电推进 | |
|---|---|---|---|
| 比冲 | 900 s | 比冲 | ＞2 000 s |
| 推力 | 高达 100 000 lbf，每台发动机高达25 000 lbf[a] | 电功率 | 1～2 MWe |
| 系统重启次数 | 6～8 | 推进器效率 | ＞50％ |
| | | 比质量[b] | |
| | | 整个 NEP 系统 | £20 kg/kWe |
| | | EP 分系统 | £5 kg/kWe |
| | | 所有其他分系统 | £15 kg/kWe |
| 总运行寿命（间歇运行） | 4 h | 运行寿命（连续运行[c]） | 发电 4 年，推进 1～2 年 |
| 反应堆热功率 | 约 500 MWt | 反应堆热功率 | 约 3～10 MWt |
| 反应堆出口推进剂温度 | 约 2 700 K | 反应堆冷却剂出口温度 | 约 1 200 K |
| 不含推进剂的系统质量 | 不确定 | 不含推进剂的系统质量 | ＜40～80 t |

① 相比于表 1－3 中的数值，为满足基线任务规定的飞行时间，会要求纯 NEP 系统（无辅助化学推进系统）具有更高的功率水平和 $I_{sp}$。M. McGuire et al.，"Use of High－Power Brayton Nuclear Electric Propulsion (NEP) for a 2033 Mars Round－Trip Mission，" AIP Conference Proceedings 813，222，2006. doi：10.1063/1.2169198.

**续表**

<table>
<tr><th colspan="2">核热推进</th><th colspan="2">核电推进</th></tr>
<tr><td rowspan="11">推进剂<br>贮存温度 20 K，<br>大约 70～210 t</td><td rowspan="11">液氢($LH_2$)</td><td colspan="2">可选推进剂</td></tr>
<tr><td>氩</td><td>以低温液体形式贮存(90 K)</td></tr>
<tr><td>锂</td><td>以固体形式贮存</td></tr>
<tr><td>氪</td><td>以高压气体形式贮存</td></tr>
<tr><td>氙</td><td>以高压气体形式贮存</td></tr>
<tr><td>质量</td><td>不确定</td></tr>
<tr><td colspan="2">辅助化学推进系统</td></tr>
<tr><td>推进剂</td><td>液态甲烷(110K)和液态氧(90K)</td></tr>
<tr><td>$I_{sp}$</td><td>360 s</td></tr>
<tr><td>推力</td><td>25 000 lbf</td></tr>
<tr><td>质量</td><td>不确定</td></tr>
</table>

[a]基线任务的 NTP 系统将包括多个反应堆和发动机。

[b] NEP 系统的比质量(或“α”)是质量与功率的比值。完整的 NEP 系统的比质量是其各个分系统比质量之和。比质量不包括推进剂质量。第 3 章提供了 NEP 所有分系统的列表。

[c] 即使不需要电能和推动力，NEP 系统也可连续运行，以避免必须关闭和重启反应堆的情况发生。

注：lbf，磅(力)。

## 1.4 货运任务

因为使用的能量需求最少或采用类似霍曼轨道的轨迹，合型任务具有最低的 $\Delta V$ 要求。霍曼轨道通常被用于优先考虑质量优先而非行程时间优先的货运任务。货运任务也受益于 NEP 和 NTP 系统的较高比冲。作为此规划中的一个组成部分，计划了多次货运飞行任务，以确保在载人任务发射之前将必要的有效载荷运送到火星。

正如第 2 章和第 3 章所讨论的，在一架或多架先驱货运航天器上验证载人航天器推进系统可显著降低风险，并提供有关推进系统可靠性、安全性和性能的宝贵飞行信息。

## 1.5 本章小结

NASA 目前正在其任务架构分析中考虑包括 NTP 和 NEP 在内的多种推进形式。冲型任务虽然会减少人员在火星上的停留时间和总任务时间，但会显著增加任务的 $\Delta V$ 需求。NTP 或 NEP 系统可适应冲型任务对推进系统的更高灵敏度要求，满足同时适应两次临近发射窗口的不同发射需求。在相关规模和性能上成功开发 NTP 或 NEP/化推系统，将使 NASA 能够开发具有覆盖多个任务机会的强大架构，并在多个任务机会中具有灵活性。

本报告针对 NTP 和 NEP 在执行基线火星任务时必须克服的开发挑战提供了技术评估。本报告无意提供——委员会的任务说明也不允许——有关载人火星探索任务应如何组织、资助或执行的所有方面的全面评估或权衡研究。

# 第 2 章　核热推进

## 2.1 系统概念

核热推进（NTP）系统在概念上类似于化学推进系统，其中，核反应堆取代了燃烧室，用于加热推进剂。图 2－1 描述了 NTP 系统的基本组成部分，包括三个高度集成的分系统：核反应堆、火箭发动机以及推进剂贮存和管理分系统。反应堆分系统由堆芯、控制鼓及其致动器、反射层、屏蔽体和压力壳组成。发动机分系统由涡轮（包括相关的阀门和管道）及喷管组成，液氢（$LH_2$）贮罐和氦增压瓶属于推进剂贮存和管理分系统。

在 NTP 和核电推进系统（以及陆地核电厂）中，反应堆通过核燃料的裂变产生热量①。核反应堆还会产生高水平的辐射，需要屏蔽体来减少反应堆附近的人和材料的暴露。对于 NTP 系统，低温液氢燃料罐中的液氢推进剂使用一个或多个涡轮泵和推进剂管理组件输送到反应堆。液氢被核反应堆直接加热，然后通过喷管加速喷出以产生推力。这一过程可类比于化学推进系统中燃烧产生热量。用于吸收中子的控制鼓位于反射层内反应堆堆芯的外环周围。控制鼓用于控制反应堆的打开和关闭，增加或减少反应堆功率。氢涡轮泵用于控制氢推进剂的质量流率和压力。

图 2－2 展示了 Rover/NERVA［Nuclear Engine for Rocket Vehicle Applications（运载火箭用核发动机）］项目的 NTP 核反应

---

① 尽管许多不同元素的同位素可用作核燃料，对于美国正在开发的所有空间核推进设计而言，铀 235（U－235）是首选燃料。

堆堆芯截面和燃料段簇①。图 2－2 绘出了紧密排列的六边形（也称为棱柱形）燃料元件。堆芯周围环绕着 12 个控制鼓，其中部分覆以反射层，将堆芯发射出的中子反射回堆芯，以帮助在反应堆运行期间维持核裂变。反应堆功率是通过旋转控制鼓来控制的。控制鼓周围有内外部压力容器和反射材料。每个燃料段簇内都有连接管（Tie Tubes）。Rover/NERVA 型堆芯连接管的目的是调节燃料元件外边缘的温度，并为堆芯内的燃料元件提供一些结构支撑。

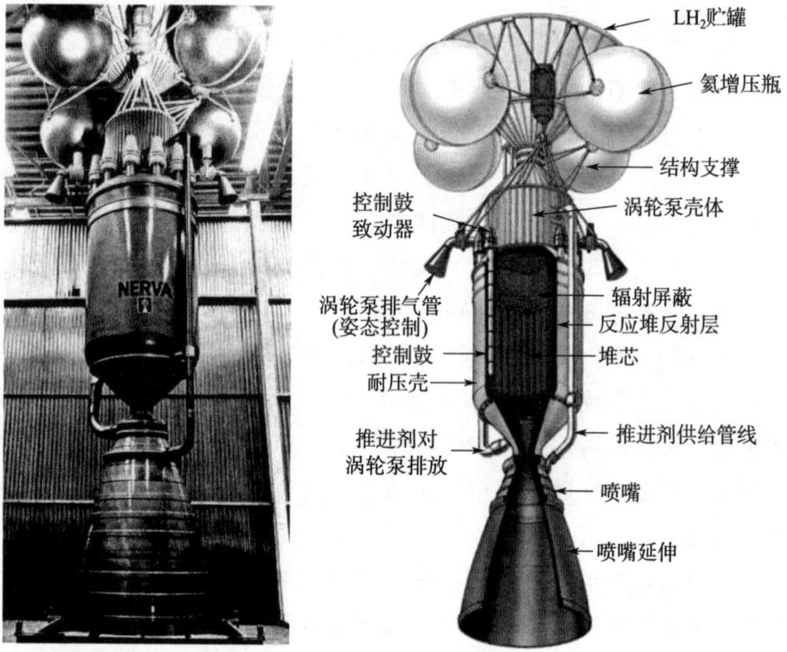


NERVA核热火箭原型

**图 2－1　Rover/NERVA 计划核热推进系统照片（左）及其剖面图（右）。**

**来源：M. Houts, et al.,“NASA's Nuclear Thermal Propulsion Project,” NASA Marshall Space Flight Center, 2018, ntrs. nasa. gov/citations/20180006514.**

① 从 1955 年到 1973 年，美国原子能委员会（Atomic Energy Commission）的“漫游巡视器计划”（Project Rover）试图开发适合 NTP 系统使用的核反应堆。从 1961 年到 1973 年，NASA 的 NERVA 计划试图开发一个完整的 NTP 系统。这两个项目都由空间核动力推进办公室共同管理。

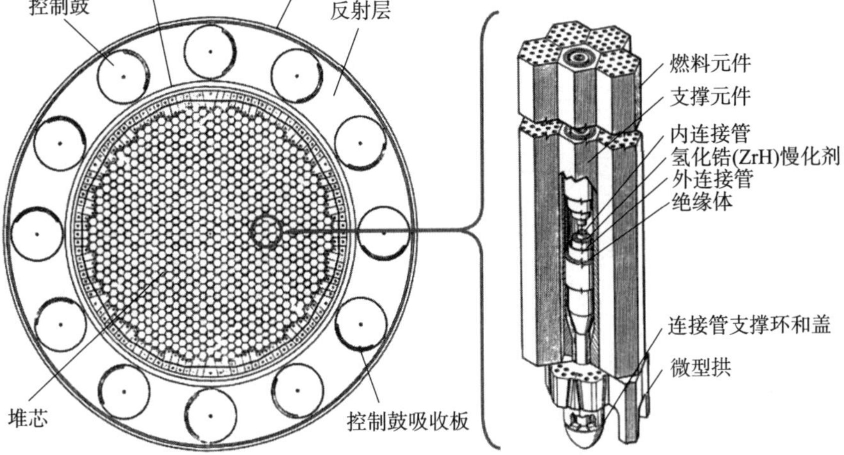


**图 2－2　Rover/NERVA 反应堆堆芯横截面（左）和燃料段簇（右）。**
**来源：M. Houts, et al.,"NASA's Nuclear Thermal Propulsion Project," NASA Marshall Space Flight Center, 2018, ntrs. nasa. gov/citations/20180006514.**

## 2.2 发展历史

Rover/NERVA 反应堆和 NTP 发动机开发计划包含地面试验项目，建造并试验了 22 个反应堆，使用高浓缩铀（HEU）石墨燃料与二氧化铀（$UO_2$）、二碳化铀（$UC_2$）和涂敷 $UC_2$ 颗粒燃料[①,②]。除了演示验证反应堆的受控运行，Rover/NERVA 计划还演示验证了 NTP 发动机概念的可行性和挑战。具体来说，采用固体石墨高浓

① J. L. Finseth, Rover Nuclear Rocket Engine Program: Overview of Rover Engine Tests. Final Report, Sverdrup Technology, Inc., Huntsville, AL, 1991, https://ntrs. nasa. gov/citations/19920005899.

② 高浓缩铀（HEU）指由 U－235（占比 20%或以上，可裂变）和 U－238（不可裂变）组成的铀。高富集度低浓缩铀（HALEU）指 U－235 含量在 5%～20%之间的铀。天然铀中 U－235 的含量不到 1%。

缩铀燃料、连接管和涡轮机械的流动路径，验证了使用核反应堆加热氢推进剂以产生比冲（$I_{sp}$）预测值的可行性。地面试验活动支撑Rover/NERVA反应堆的设计方案能够针对试验期间发现的问题进行迭代改进。例如，Kiwi B4A等早期的Rover/NERVA反应堆存在流致振动引起的结构问题，需要对至少两个完全不同的反应堆进行试验和破坏，以隔离和解决问题①。在中子慢化方面也吸取了教训②。中子慢化主要是由燃料元件中的石墨实现的，它同时作为传热元件和初始中子慢化剂③。

NERVA计划中开发的Pewee反应堆在其连接管中加入了额外的单独冷却的氢化锆（ZrH）慢化剂材料，并演示验证了反应堆出口2 750 K的峰值燃料温度和2 550 K的推进剂温度，这相当于真空中大约875 s的比冲（理想膨胀）。Pewee以500 MWt的满设计功率累计运行了两次，每次20 min，1 MWt以上的总运行时间为192 min。大多数燃料元件在接触热氢的石墨表面涂覆碳化铌（NbC），少数燃料元件涂覆碳化锆（ZrC）。NbC石墨涂层出现明显开裂，而ZrC涂层的劣化程度明显较低。Pewee反应堆还演示验证了通过在HEU堆芯中添加额外的ZrH慢化剂，可以降低系统的总体质量，使Pewee反应堆成为NERVA系列中体积最小、性能最高的反应堆④。但反应堆的寿命尚不清楚，Pewee反应堆中使用的燃料

---

① B. L. Pierce, Comparison of Analytical and Experimental Flow Induced Core Vibrations, WANL-TME-645, Westinghouse Electric Corp., Pittsburgh, PA, 1964.

② 中子慢化是一个广义的术语，指材料对降低中子能量的影响，这种影响使得中子能量处于可被可裂变材料捕获的最佳水平，从而导致核裂变。有时，反应堆中包含的材料严格用于缓和中子，实际上使该材料成为反应堆的“慢化剂”。就NERVA而言，燃料中的石墨并不仅仅用于慢化中子（尽管它具有慢化效应）；即便如此，在一些反应堆设计中，石墨本身也可以用作慢化剂。

③ J. M. Taub, Review of Fuel Element Development for Nuclear Rocket Engines, LA 5931, Los Alamos Scientific Laboratory, Los Alamos, NM, 1975.

④ 慢化剂同样会缩小NTP反应堆的尺寸。

也没有被考虑用于目前的 NTP 系统[①]。NERVA 计划中的 XE－Prime 反应堆成功演示验证了创纪录的发动机启动、关机和重新启动次数，远远超过了火星任务的要求［即反应堆启动 28 次，尽管部分发动机部件（如涡轮泵轴承）必须更换］[②]。

最大化可用 NTP 系统 $I_{sp}$ 的关键之一是尽可能缩短启动和关闭系统所需的时间。比冲与工作温度直接相关，因此，当氢推进剂流经反应堆但未加热到完全工作温度时，例如在反应堆启动和停堆过程中，比冲会降低。NTP 反应堆的启动瞬态应允许 NTP 系统在不超过 1 min 的时间内达到全工作温度，以减少每台发动机在点火时出现性能下降的情况。通常每台发动机的点火时间不到 30 min，最短可降低至 10 min。这些“快速瞬态”需求给整个系统带来了许多设计上的挑战。

表 2－1 总结了在初步的 Kiwi 系列试验后对反应堆和发动机进行取样的比冲测量值和预测值（理论值，假设理想条件，没有损失）。

**表 2－1　用于 Rover/NERVA 计划后期阶段的反应堆和发动机试验数据取样**

| 反应堆 | 反应堆出口燃料温度/K | 反应堆出口推进剂温度/K | $I_{sp}$(真空理想条件)/s | 功率/MWt | 推力/lbf |
|---|---|---|---|---|---|
| Phoebus 系列（1A，1B 和 2A) | 2 300 ～2 450 | 2 100～2 250 | 820～850 | 4 000 | 200 000 |
| Pewee 1 | 2 750 | 2 550 | 875 | 500 | 25 000 |
| NRX A 系列（A2，A3，A5，A6) | 2 250～2 550 | 2 100～2 400 | 810～870 | 1 100 | 55 000 |

① J. L. Finseth，Rover Nuclear Rocket Engine Program：Overview of Rover Engine Tests. Final Report，Sverdrup Technology，Inc.，Huntsville，AL，1991，https：//ntrs. nasa. gov/citations/19920005899.

② D. R. Koenig，Experience Gained from the Space Nuclear Rocket Program (Rover)，Los Alamos National Laboratory，1986，https：//fas. org/nuke/space/la－10062. pdf.

续表

| 反应堆 | 反应堆出口燃料温度/K | 反应堆出口推进剂温度/K | $I_{sp}$（真空理想条件）/s | 功率/MWt | 推力/lbf |
|---|---|---|---|---|---|
| NRX/EST | >2 400 | 2 300 | >840 | 1 100 | |
| XE-Prime | >2 400 | 2 250 | >710 | 1 100 | 55 000 |

注：在这些试验中，通过对完整的核热推进发动机配置进行地面试验，使反应堆燃料暴露在启动、运行和停堆的综合影响下。Pewee 反应堆展示了 Rover/NERVA 系列中测得的最高燃料和推进剂出口温度。NRX 发动机系统试验和 XE-Prime 反应堆都测试了发动机硬件，最接近飞行状态。上述所有试验都是在 1964 年至 1969 年间进行的。

来源：Adapted from J. L. Finseth, Rover Nuclear Rocket Engine Program: Overview of Rover Engine Tests. Final Report, Sverdrup Technology, Inc., Huntsville, AL, 1991, https://ntrs.nasa.gov/citations/19920005899, and D. R. Koenig, Experience Gained from the Space Nuclear Rocket Program (Rover), Los Alamos National Laboratory, 1986, https://fas.org/nuke/space/la-10062.pdf.

基线任务的 NTP 性能需求要求最高燃料温度足以将反应堆出口的推进剂加热至 2 700 K 左右（见表 1-3）。

表 2-2 中提供了多种燃料形式的最高工作温度附加信息，这些燃料用于上述具有历史意义的 NTP 材料计划。非核原型试验名称通常指原型或超过燃料设计工作温度的炉温试验。核试验通常是指在研究反应堆设施中进行的试验。全堆芯试验意味着燃料被用作全功能堆芯的主要或唯一燃料源。如表所示，已经产生了几种性能超过 2 700 K 的先进燃料形式，这些燃料在高温炉、辐射场以及温度和氢暴露组合中进行了环境测试。表 2-2 中列出的燃料形式虽然尚未在 NTP 发动机运行的综合效应下得到证明（演示验证），但在大多数情况下，这些燃料形式能够承受发动机的最高工作温度，并且不会出现明显的劣化。

**表 2-2　历史上核热推进（NTP）材料计划中测试的燃料形式的最高工作温度**

| | 历史上 NTP 材料计划 | | | | | | |
|---|---|---|---|---|---|---|---|
| | Rover/NERVA 计划燃料形式 | | | 陶瓷金属（金属陶瓷）燃料形式（通用电气和 ANL） | 空间核热推进（颗粒床反应堆） | 苏联 | |
| | 石墨复合材料 | 单一碳化物 | 石墨复合材料 | 耐火金属复合材料 | ANL 耐火金属复合材料 | 单一碳化物 | 固溶体 |
| 燃料化合物 | $UC_2$ | (U, Zr)C | (U, Zr)C | $UO_2$<br>UN | $UO_2$ | (U, Zr)C<br>(U, Nb)C | (U, Zr, Nb)C<br>(U, Zr, Ta)C |
| 基体材料 | 石墨 | 未知 | 石墨 | 钨 | 钨 | 未知 | 未知 |
| 几何形状 | 固体块 W/冷却剂通道 | 固体块 W/冷却剂通道 | 固体块 W/冷却剂通道 | 固体块 W/冷却剂通道 | 固体块 W/冷却剂通道 | 颗粒床 | 纽带 |
| 测试的燃料出口温度（K） | 2 750 | 2 450 | 2 450 | 2 900 | 2 850 | 2 800 | 3 500<br>3 300 |
| 测试完成 | 全堆芯 | 非核原型样机，全堆芯 | 全堆芯 | 非核原型样机 | 非核原型样机，全堆芯，核 | 非核原型样机，全堆芯，核 | 非核原型样机，全堆芯，核，全堆芯 |

**续表**

| | 历史上 NTP 材料计划 | | | | | | |
|---|---|---|---|---|---|---|---|
| $I_{sp}$（真空，理想情况）(s)[a] | 890 | 830 | 830 | 945 | 930 | 915 | |
| 来源 | 1～2 | 1～2 | 1～2 | 1，2，4 | 1，2，5 | 1，2，6 | 1，2，6 |

[a] $I_{sp}$不考虑反应堆燃料和氢推进剂之间的温差(温差可能高达 200 K)。考虑这项温差将降低预计的比冲。只要燃料出口温度约为 2 900 K 或更高，上述 $I_{sp}$值可能仍然至少为 900 s。

注：首字母缩写词的定义见附录 D。

来源：

[1] S. K. Bhattacharyya，An Assessment of Fuels for Nuclear Thermal Propulsion，ANL/TD/TM01 - 22，Argonne National Laboratory，Lemont，IL，2002，https://www. osti. gov/servlets/purl/822135.

[2] J. L. Finseth，Rover Nuclear Rocket Engine Program：Overview of Rover Engine Tests. Final Report，Sverdrup Technology，Inc.，Huntsville，AL，1991，https://ntrs. nasa. gov/citations/19920005899.

[3] L. Lyon，Performance of (U，Zr)C - Graphite (Composite) and of (U，Zr)C (Carbide) Fuel Elements in the Nuclear Furnace 1 Test Reactor，Los Alamos Scientific Laboratory，NM，1973，https://www. osti. gov/servlets/purl/4419566.

[4] A. Andrews，GEMP - 600，710 High - Temperature Gas Reactor Program Summary Report，General Electric，Cincinnati，OH，1982.

[5] J. Marchaterre，Nuclear Rocket Program Terminal Report，ANL - 7236，Argonne National Laboratory，Lemont，IL，1968.

[6] A. Lanin，"Nuclear Rocket Engine Reactor，" Springer Series in Materials Science，Vol. 170，Springer - Verlag Berlin Heidelberg，Germany，2012，doi:10. 1007/978 - 3 - 642 - 32430 - 7.

虽然大多数 Rover/NERVA 研究反应堆没有使用飞行配置的发动机硬件，但有一些反应堆使用 NTP 发动机硬件组件进行了测试，其中 XE - Prime 是最接近预期运行系统的[①]。尽管该试验发动机仅仅在 710 s 的比冲下进行了试验，但测试包含了为飞行设计的泵和配套硬件（即，紧密耦合的推进剂供给系统，类似于图 2 - 1 中所示的反应堆和发动机硬件布置）。此外，NRX/EST 是一种发动机系统试验，该试验使用了一个试验板，该试验板能够将相关飞行硬件连接到反应堆上。

尽管 Rover/NERVA 计划证明了 NTP 系统概念的可行性，但由于资金优先级的变化，该计划在实现目标之前就被取消了。因此，没有一个完整的 NTP 系统在其飞行配置下或空间飞行情况下进行过组装或试验。在 Rover/NERVA 之后，也开展了其他的 NTP 计划，但没有一项计划建造了其他额外的反应堆或发动机。美国阿贡国家实验室（ANL）和通用电气公司的 GE - 710 计划开发了用于核动力飞机的快谱[②]陶瓷金属（金属陶瓷）燃料的概念和利用 HEU 的 NTP 概念[③]，制造了金属陶瓷燃料，如二氧化钨铀（$WUO_2$），并进行了测试。空间核热推进（SNTP）计划主要是开发颗粒床反应堆的燃料，该反应堆测试了 NTP 使用包覆 HEU 颗粒的情况，并确定了多项挑战。SNTP 项目还使用聚乙烯慢化剂材料进行慢化剂块实验[④]，

---

① D. Sikorski and R. T. Wood, "Nuclear Thermal Rocket Control," Proceedings of American Nuclear Society Topical Meeting: Nuclear and Emerging Technologies for Space, 2019, http://anstd.ans.org.

② 快谱反应堆的设计主要依赖于快（未慢化）中子，而热谱反应堆主要依赖于慢速中子（热中子）。需要更强辐射场的快谱反应堆可以被设计成使用 HALEU 燃料，但这种快谱反应堆与 HEU 更兼容，因为其具有比 HALEU 更高浓度的可裂变铀（即 U - 235）。热谱反应堆可以被设计为使用 HEU 或 HALEU 燃料。

③ S. K. Bhattacharyya, An Assessment of Fuels for Nuclear Thermal Propulsion, ANL/TD/TM01 - 22, Argonne National Laboratory, Lemont, IL, 2002, https://www.osti.gov/servlets/purl/822135.

④ R. A. Haslett, Space Nuclear Thermal Propulsion Program, Grumman Aerospace Corp., Bethpage, NY, 1995.

并为非核部件发动机试验生产硬件。在该计划终止前，曾计划对完整的 SNTP 反应堆进行地面试验，但最终并没有实施。苏联也开展了 NTP 的发展研究工作（例如 RD－410），据称苏联使用了一种独特的（扭曲带状）碳化物 HEU 燃料和一种 ZrH 慢化剂[①,②]。

## 2.3 技术发展现状

本节讨论了构成 NTP 系统的分系统技术发展现状以及相关的建模仿真（M&S）能力。

### 2.3.1 反应堆分系统

在美国，唯一可用于验证 NTP 反应堆模型的数据来是自 20 世纪 60 年代和 70 年代的 HEU 反应堆-发动机系统；没有高富集度低浓缩铀（HALEU）燃料的 NTP 系统试验数据。

对反应堆分系统来说，当前仅限能使用 M&S 能力对反应堆进行虚拟分析。现有硬件制造能力不足以在与基线任务相关的货运或载人任务所需的规模上搭建 NTP 反应堆。目前的 M&S 能力可以生成 NTP 反应堆的稳态中子设计，以模拟维持链式反应的堆芯[③,④]。反应堆堆芯模型可与热工水力、流体模型耦合，用于简化一维堆芯范围的近似，并对亚尺度分析进行高保真模拟（即使用计算流体动

---

① Z. Vadim and V. Pavshook, "Russian Nuclear Rocket Engine Design for Mars Exploration," in Tsinghua Science and Technology 12（3）：256－260，2007.

② A. Lanin, "Nuclear Rocket Engine Reactor," Springer Series in Materials Science, Vol. 170, Springer－Verlag Berlin Heidelberg, Germany, 2012, doi：10.1007/978－3－642－32430－7.

③ Los Alamos National Laboratory, "Monte－Carlo N Particle（MCNP）Transport Code," https：//mcnp.lanl.gov/, accessed May 22, 2021.

④ Idaho National Laboratory, "Multiphysics Object－Oriented Simulation Environment（MOOSE）, An Open－source, Parallel Finite Element Framework," https：//www.mooseframework.org/, accessed May 22, 2021.

力学模拟)[①,②]。许多 M&S 设计研究基于先前的 NERVA 类型试验得出了新概念。然而，因为由于缺少用于模型验证的试验数据（特别是对于瞬态），大型 M&S 工具在可靠地模拟 NTP 系统中耦合中子、热工水力和发动机平衡的能力方面受到限制。此外，当前最先进的 M&S 工具缺乏对系统寿命评估和潜在故障机制进行耦合、高保真分析的能力。NTP 的核反应堆动态特性以及推进剂流动和温度变化的建模尚未完成，氢推进剂和反应堆燃料之间的材料相互作用仍然存在很大的不确定性。对动态反应堆行为的模拟已有先例，例如美国洛斯阿拉莫斯国家实验室用于 Kilopower 项目亚规模电力系统试验的动态建模能力[③]。这些工具需要根据试验数据进行调整和基准测试，对于 NTP 动态建模，则需要考虑不同条件、不同规模和不同工作流体下使用不同的材料。现阶段最先进的 M&S 工具缺乏对反应堆进行机械和结构模拟的能力，所以无法评估反应堆内流动诱发振动问题（例如 Kiwi B4A 所面临对问题）的可能性。这也是由于缺乏 M&S 输入所需的材料数据，例如高温下的块状单片 ZrH 的数据。

（1）燃料

在 NERVA 项目中，几种陶瓷复合燃料形式（石墨基体中的陶瓷燃料颗粒，带有保护性 NbC 或 ZrC 涂层）在流动的氢中表现出的性能可接受，在反应堆试验期间，推进剂温度大多高达 2 550K 左右，其中 Pewee 燃料在其峰值时创下了 2 750K 的记录。NERVA 项目中未对金属陶瓷燃料进行反应堆试验，但热循环试验表明，当温

① Siemens, "Simcenter STAR CCM +, Engineer Innovation with Multiphysics Computational Fluid Dynamics (CFD) Simulation," https://www.plm.automation.siemens.com/global/en/products/simcenter/STAR-CCM.html, accessed May 22, 2021.

② Ansys, Inc, "Ansys Fluent, Fluid Simulation Software," https://www.ansys.com/products/fluids/ansys-fluent, accessed May 22, 2021.

③ D. I. Poston, M. A. Gibson, R. G. Sanchez, and P. R. McClure, "Results of the KRUSTY Nuclear System Test," Nuclear Technology 206 (sup1): 89-117, 2020, doi: 10.1080/00295450.2020.1730673.

度在 2 800～3 000 K 时，$WUO_2$ 金属陶瓷在流动氢中进行 70～193 次热循环，其质量损失小于 1%[①]。NASA、美国能源部（DOE）和其他组织（包括工业界和学术界的研究组织），都在试图建造基于 HEU 的固体燃料棒，包括由石墨（即 Rover/NERVA 衍生）、金属陶瓷（即 ANL/GE－710 衍生）和其他耐火混合物组成的燃料棒[②-⑥]。燃料类型在很大程度上是各种历史上高浓缩铀反应堆堆芯概念的衍生品。这些固体燃料元件采用热等静压、放电等离子烧结等方法制成，并在紧凑型燃料元件环境模拟器和核热火箭元件环境模拟器等设施中进行了试验，这些设备可以实现等温，在有流动氢的情况下，稳态温度超过 2 500 K。

NTP 系统设计的一个驱动特性是反应堆堆芯的高工作温度；

---

① M. E. M. Stewart, and B. G. Schnitzler, "A Comparison of Materials Issues for Cermet and Graphite－Based NTP Fuels," Proceedings of 49th AIAA/ASME/SAE/ASEE Joint Propulsion Conference, 2013, https://arc. aiaa. org/doi/book/10. 2514/MJPC13.

② R. C. O'Brien, N. D. Jerred, S. D. Howe, R. Samborsky, D. Brasuell, and A. Zillmer, "Recent Research Activities at the Center for Space Nuclear Research in Support of the Development of Nuclear Thermal Rocket Propulsion," 2012 Nuclear and Emerging Technologies for Space（NETS 2012）. INL/ CON－10－19825, 2012, https://www. lpi. usra. edu/meetings/nets2012/pdf/3060. pdf.

③ M. W. Barnes, et al., "NTP CERMET Fuel Development Status," 2017 Nuclear and Emerging Technologies for Space (NETS 2017), American Nuclear Society, La Grange Park, IL, 2017.

④ M. W. Barnes, D. S. Tucker, and K. M. Benensky, "Demonstration of Subscale Cermet Fuel Specimen Fabrication Approach Using Spark Plasma Sintering and Diffusion Bonding," in 2018 Nuclear and Emerging Technologies for Space (NETS 2018), American Nuclear Society, La Grange Park, IL, 2018.

⑤ B. Jolly, M. Trammell, and A. L. Qualls, "Coating Development on Graphite－Based Composite Fuel for Nuclear Thermal Propulsion" in Proceedings of the 51 st AIAA/SAE/ASEE Joint Propulsion Conference, 2015, doi: 10. 2514/6. 2015－3777.

⑥ S. Raj, J. Nesbitt, and M. Stewart, "Development of Advanced Coatings for NERVA－Type Fuel Elements," in 2015 Nuclear and Emerging Technologies for Space (NETS 2015), http://anstd. ans. org/wp－content/uploads/2015/07/3006. pdf.

900 s 的 $I_{sp}$ 对应大约 2 700 K 的氢推进剂反应堆出口温度[①,②]。

NASA 目前正在参与氮化铀（UN）金属陶瓷和陶瓷-陶瓷（cercer）燃料形式的试验，包括对未涂覆燃料的高温氢气试验，并计划进一步进行非核和核试验。即将进行的非核原型样机试验将包括温度大于或等于 2 850 K 的流动热氢炉试验，包括：钨涂覆 UN 颗粒、ZrC 涂覆 UN 颗粒、钨/钼合金-UN 金属陶瓷复合燃料、ZrC-UN cercer 复合燃料以及全长金属陶瓷和 cercer 燃料元件。

NASA 还表示对涂覆碳化物颗粒的固溶碳化物燃料技术感兴趣[③]。尽管美国尚未成功证明 NTP 固溶四元碳化物燃料形式，但有一些有关俄罗斯 RD-410 NTP 燃料技术的少量文献[④]。由于 $UC_2$ 和碳化铀（UC）颗粒的熔化温度分别为 2 730 K 和 2 780 K[⑤]，NTP 系统很难在使用未涂覆碳化物颗粒燃料的情况下达到约 2 700 K 的推进剂反应堆出口温度，除非未涂覆碳化物颗粒与耐火碳化物（如 ZrC）在固溶体中混合。

（2）慢化剂和非燃料材料

ZrH 慢化剂能否在 Pewee 高浓缩铀反应堆的单通道连接管中成功运用，受到高浓缩铀反应堆分系统数据的限制，诸如功率振荡[⑥]、氢迁移和氢分解以及在 700 K 以上温度下的损耗等问题仍然是将

---

① C. R. Joyner, et al., "NTP & NEP Design Attributes for Mars Missions," presentation to the committee, virtual meeting, June 29, 2020, p. 8.

② D. Burns, "DOE Role in Nuclear Thermal Propulsion Technology Development," presentation to the committee, virtual meeting, June 22, 2020.

③ M. Houts, "Nuclear Thermal Propulsions," presentation to the committee, virtual meeting, June 8, 2020.

④ Z. Vadim and V. Pavshook, "Russian Nuclear Rocket Engine Design for Mars Exploration," in Tsinghua Science and Technology 12 (3): 256-260.

⑤ D. Manara, et al., "High Temperature Radiance Spectroscopy Measurements of Solid and Liquid Uranium and Plutonium Carbides," Journal of Nuclear Matter 426: 126-138.

⑥ D. S. Stafford, "Multidimensional Simulations of Hydrides During Fuel Rod Lifecycle," Journal of Nuclear Materials 466: 362-372, 2015.

ZrH 纳入 NTP 反应堆的潜在挑战。ZrH 慢化剂块在苏联的“热离子运行反应堆活性区”（TOPAZ）空间反应堆中进行了验证，两台 TOPAZ－Ⅰ反应堆作为飞行验证任务被发射升空。在 20 世纪 90 年代初，美国购买了一台正在开发的 TOPAZ－Ⅱ反应堆，用于非核试验和评估[①-③]。此外，DOE 目前正在生产和试验 ZrH。然而，美国没有在空间飞行中使用慢化剂块技术的经验。

在 NTP 设计中，铍（Be）元素经常被建议用作反射层和慢化剂。铍能够以氧化铍（BeO）或纯态（Be）等形式进行使用，其最适合用于工作温度在 1 000 K 以下的组件，因此反应堆和冷却方法在设计时均应保证不会超过此温度。在 NERVA 反应堆中，铍元素被用于反射层和控制鼓，并在各种其他核动力反应堆中被普遍使用[④]。

### 2.3.2 发动机分系统

用于化学推进系统的发动机硬件（如涡轮机械和阀门）发展独立于 NTP 反应堆。现有的化学推进发动机组件可以进行缩放、建模和集成，以供 NTP 使用。例如，数十年来，RL－10 和类似的涡轮泵的建模一直被用于各种 NTP 设计研究，同时还应用于各种化学推

① D. Buden, Summary of Space Nuclear Reactor Power Systems (1983—1992), Idaho National Engineering Laboratory, Idaho Falls, ID, 1993, https://www.osti.gov/servlets/purl/10151265.

② M. S. El－Genk, “Deployment History and Design Considerations for Space Reactor Power Systems,” Acta Astronautica 64 (9－10): 833－849, 2009.

③ V. N. Adrianov, et al., Topaz－2 NPP Reactor Unit Mechanical Tests Summary Report Vol. 1, CDBMB through INERKTEK Technical Report, Moscow, Russia.

④ J. L. Finseth, Rover Nuclear Rocket Engine Program: Overview of Rover Engine Tests. Final Report, Sverdrup Technology, Inc., Huntsville, AL, 1991, https://ntrs.nasa.gov/citations/19920005899.

进系统（包含在空间中使用）的成熟化试验和硬件试验[①,②]。

适用于非核（即化学）发动机分系统元件的建模与仿真（M&S）能力，在静态和动态发动机流动条件下都得到了很好的发展。其中一些模型[③,④]也适用于 NTP 发动机分系统，并已用于 HEU 和 HALEU 型发动机的建模。

### 2.3.3 推进剂贮存与管理分系统

$LH_2$的长期贮存和主动低温制冷技术同样独立于 NTP 而发展，但仍需克服重大挑战，以满足基线任务可能长达 4 年的贮存时间需求（组装 2 年，再加上往返火星 2 年）。NASA 正在进行的研究技术发展将会带动数项任务在 2021 年启动，旨在验证在空间环境中贮存和传输低温流体的先进技术。

## 2.4 技术要求、风险与备选方案

NTP 系统性能很大程度上取决于给定设计方案的传热效率。这是运行期间的温度曲线、最高工作温度下的时间、计划运行循环数（为潜在的额外循环次数提供的安全裕度）以及整个系统的温度变化率的函数。NTP 系统层面的主要风险由以下因素驱动：

- 高运行功率密度和温度的反应堆需要在每次燃烧过程中，将推进剂在反应堆出口加热至约 2 700 K，这是满足 900 s $I_{sp}$任务要求所必需的。

---

① C. R. Joyner, et al., "LEU NTP Engine System Trades and Mission Options," 2019 Nuclear and Emerging Technologies for Space, (NETS 2019), 2019.

② C. R. Joyner, et al., "NTP & NEP Design Attributes for Mars Missions," presentation to the Space committee, virtual meeting, June 29, 2020, p. 8.

③ NASA, "NPSS Numerical Propulsion System Simulation," https://software.nasa.gov/software/LEW-17051-1, accessed May 22, 2021.

④ NASA, "ROCet Engine Transient Simulation Software (ROCETS)," https://software.nasa.gov/software/MFS-31858-1, accessed May 22, 2021.

- 低温液氢推进剂长期贮存和管理的需要。
- 相对于其他空间或地面发电反应堆（从零到满功率有时长达数小时），NTP 反应堆启动时间更短（只需 60 s）。
- 相对于化学发动机，NTP 系统启动和关机的瞬态时间更长。这驱动了发动机涡轮泵的设计和反应堆分系统的热管理。

### 2.4.1 反应堆分系统

NTP 系统推进剂反应堆出口温度约为 2 700 K，这代表了反应堆堆芯材料在温度和氢腐蚀方面的极端环境。这一反应堆工作温度意味着现阶段几乎没有可行的燃料结构。燃料元件，包括燃料和包壳、燃料组件、缓凝剂、支撑结构和反应堆压力容器，必须保持物理完整性，而在循环过程中，必须承受由反应堆启动、动力运行、停堆和重新启动的重复循环引起的热机械应力。

NASA 正在考虑至少三种新的 NTP 燃料结构，包括：

- 耐火陶瓷基体中的 cercer 涂层燃料颗粒，
- （U，Zr，Nb）C 混合燃料与多种势粒子（UN、UC、UCZr 等）的 cercer 固溶体，
- 含金属陶瓷涂层燃料颗粒的耐火金属基体。

针对其中一些燃料选项，正在考虑多种燃料颗粒填充密度（体积分数 15%～70%）和不同的燃料颗粒结构。这些 NTP 燃料选项的情况如图 2－3 所示。HEU 和 HALEU 燃料均在研究范围内。目前，参考金属陶瓷燃料结构使用体积分数为 40%～70%的非颗粒燃料（燃料颗粒结构有待最终确定）和钼（Mo）－30%钨（W）[①] 金属基体。金属基体构成需在限制寄生热中子吸收（即：通过减少钨含量）和最大化合金熔化温度（即：通过增加钨含量）之间进行折中。与金属陶瓷系统相比，带有包覆燃料颗粒的 cercer 燃料在燃料基体熔化方面具有增加安全裕度的潜力，但 cercer 燃料的技术和制造成熟

---

① 即一种含 30%钨的钼合金。

度水平较低。cercer 固溶体燃料同样具有更高的性能和安全（燃料熔化）裕度的潜力，但其技术成熟度也处于较低水平。石墨基燃料系统已被证明具有优异的高温性能（大于 3 000 K），但由于石墨和氢在高温下会产生化学反应，所有暴露于热氢的表面都需要使用坚固、无缺陷的高温涂层，例如 ZrC。尽管最近的研究在高温涂层方面取得了进展，但在 NERVA 项目中，即使温度低至 1 500 K，还是观察到了石墨复合燃料冷却剂管道表面 ZrC 涂层的明显开裂情况[①]。

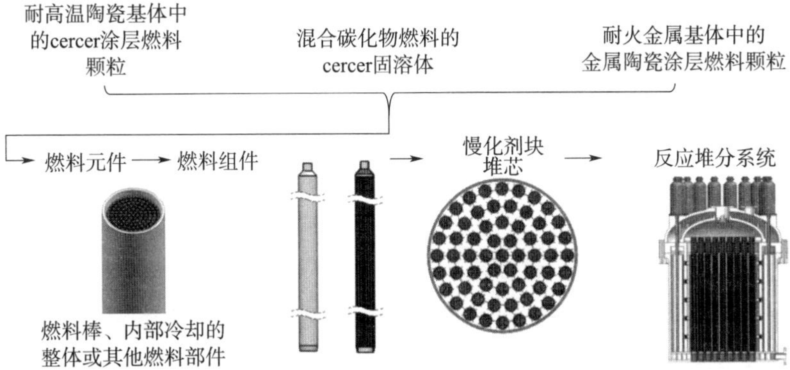


**图 2－3　NASA 核热推进反应堆设计中考虑的燃料组件**

**（图片由 BWXT 先进技术有限责任公司提供）**

NASA 和 DOE 需要确定当前或计划的 HEU 或 HALEU 燃料原料生产能力是否能够满足 NTP 基线任务需求。关键问题包括确定合适的燃料结构。在任务制定和初步设计工作之前，需要进行权衡分析，以解决这些问题。

候选堆芯材料的测试，可以考虑传统和先进制造方法在堆芯制造的应用。增材制造等先进方法在航空航天和核工业中都有应用前景。这些技术很可能适用于反应堆堆芯最高温度环境之外的 NTP 组

---

① S. V. Raj and J. A. Nesbitt, “Development of Advanced Coatings for NERVA－type Fuel Elements,” 2015 Nuclear and Emerging Technologies for Space (NETS 2015), Albuquerque, NM, February 2015.

件。然而，新的制造技术在核或空间高辐射环境中缺乏实质性的相关性能试验。因此，即使这些制造技术在被用于以前使用常规技术制造的“核认证”材料，新的制造技术与工艺依然需要性能试验和分析。

虽然对 NTP 推进概念进行 60 多年的研究，但燃料形式、燃料组件、慢化剂材料和高温结构材料，尤其是上述三个新核心概念（金属陶瓷、cercer 和 cercer/碳化物）的技术成熟度仍然不够，成为影响整个项目的重大风险。在这些特定的技术风险领域研究工作中，如果不进行大量的前期投资，许多集成系统设计和相关的集成风险就无法得到充分的管控或缓解。

热力学稳定的高性能中子慢化剂是热谱 NTP 堆芯设计的一个重要方面。可能用作慢化剂的材料包括 ZrH、YH、Be、BeO 和 $Be_2C$。由于氢分解和 Be 熔化问题，对于氢化物和纯铍，预计最高使用温度约为 700～1 500 K。需要准确确定基于分解的工作温度上限，以便评估候选慢化剂材料并设计冷却管路。氢脆化和渗入进慢化剂材料以及相关分解特性所产生的影响，也是重要考虑因素。这些特性需要适应 NTP 反应堆系统在启动和关闭瞬态期间经历的温度和热力偏移。特别是，在反应堆停堆后，需要让氢气继续流动，以此来进行冷却，导致 NTP 系统损失部分性能。

反应堆结构在上部静压室进气口处充当 $LH_2$ 推进剂的主要接口和喷嘴接口。尽管在反应堆结构材料的开发和其系统初步设计方面取得了一些进展，但为了能够优化质量、推进剂流量、整个结构长度内的推进剂压降、流速与稳定性以及压力分析，需要进一步对反应堆结构进行优化。γ 和中子辐射的屏蔽属于整个反应堆系统设计的一部分。屏蔽的设计、组成和布局需考虑仪表和控制电子设备、辐射敏感的涡轮机械、贮存 $LH_2$ 的低温罐以及航天员的所在位置。

运行控制、发射安全考虑以及多个反应堆的启动和关闭也需要用到反应性控制（即热中子吸收器）材料。过去和当前许多的设计采用了反射器组件位于径向内部的反应性控制鼓。控制鼓主要由中子反射材料制成，带有一段热中子吸收器，如 $B_4C$，可旋转至朝向堆芯（关闭反应堆）或旋转离开堆芯（让反应堆启动和运行）。对流经慢化剂、外部反应堆结构、喷嘴和反应堆堆芯的 $LH_2$ 和气态氢（$H_2$）流速的管理需要协同考虑控制鼓的控制机制进行设计。在 NTP 系统的首次飞行中，可能需要安装额外的传感器（温度、压力冷却剂流量和中子通量）对飞行系统运行状态进行监测。

**结论：NTP 燃料特性。**在 NASA 和 DOE 获得足够的反应堆堆芯设计信息之前，仍需对反应堆堆芯材料（包括燃料）进行大量表征。

**建议：NTP 燃料结构。**如果 NASA 计划将核热推进（NTP）技术应用于 2039 年发射的基线任务，NASA 应迅速选择并验证 NTP 系统的燃料结构，该系统能够在任务寿命期内实现约 2700 K 或更高的推进剂反应堆出口温度（这是与 900 s 的所需 $I_{sp}$ 相对应的温度），且燃料不会严重劣化。选择过程应考虑合适的燃料原料生产能力是否充足。

### 2.4.2　发动机分系统

发动机分系统继承了许多化学火箭发动机的技术，包括使用气态 $H_2$ 和 $LH_2$ 作为燃料。为证明发动机分系统的集成操作能力、寿命和可靠性，需要对其进行额外的试验。然而，对于基线任务 NTP 系统的开发来说，保证发动机分系统性能是一个相对低风险的因素。

### 2.4.3　推进剂贮存与管理分系统

$LH_2$ 长时间（数年）低温贮存能力的开发仍是一项重大挑战。由于基线任务周期很长，其中包括航天器组装和往返火星的时间，因此需要在低至 20 K 的低温下贮存数千吨 $LH_2$，并将损失降至最低水平。目前对基线任务的预期是：至少需要启动 6 次 NTP 系统，$LH_2$ 推进剂的总需求范围在 7～21 罐之间，每罐 10 000 kg（取决于运载火箭能力和任务发射年份）。为了减少必须 $LH_2$ 总量和必须集成到火星探索航天器中的贮罐数量，有必要最大限度地减少贮罐中 $LH_2$ 的蒸发①。

尽管制冷技术正在不断发展，但现有低温冷却系统无法在这段时间内可靠地满足任务对推进剂贮罐的要求。此外，在推进系统每次点火前后，必须准确测量推进剂质量，以适当平衡反应堆启动和反应性控制操作的推进剂流速。在整个任务期间，低温冷却系统都需要电能，由专用的小型太阳能电池阵列提供。

**结论：NTP 的 $LH_2$ 贮存。**基线任务的 NTP 系统将需要在 20K 下长期贮存 $LH_2$，并且在航天器组装轨道和执行任务期间将蒸发量降至最低。

**建议：NTP 的 $LH_2$ 贮存。**如果 NASA 计划将核热推进（NTP）技术应用于基线任务，则其应开发能够在 20 K 下贮存液态氢（$LH_2$）的大容量贮罐系统，并在飞行器组装轨道和任务期间将蒸发量降至最低。

## 2.5 试验、建模与仿真

如上所述，发动机系统组件和推进剂贮存与管理系统组件已在化学火箭上进行了高技术成熟度（TRL）的演示验证（不包括 $LH_2$ 在空间环境中的长期贮存且蒸发量最小的情况）。因此，通过聚焦反应堆系统（其中存在着主要系统风险），试验、建模和仿真（M&S）工作将会获得最大回报。

在系统的预期运行寿命内，通过试验验证部件、分系统和集成系统的材料特性、运行性能和功能（例如可操作性、可控性和热管理），包括瞬态和安全裕度。作为认证项目的一部分，此前所有的火箭发动机都经过了广泛的多发动机（multi - engine）全尺寸地面试

① C. R. Joyner, et al., "NTP & NEP Design Attributes for Mars Missions," presentation to the committee, virtual meeting, June 29, 2020, p. 8.

验。例如，在认证之前，至少 10 台航天飞机主发动机以及 J-2 和 RL-10 上层发动机都经过了超过其整个任务持续时间的地面试验①。这些试验也支持消除与 NTP 系统核元件及非核元件的安全性及可靠性相关的潜在问题，获得的试验数据为验证模型提供了一种方法，该验证模型用于支持稳态和瞬态条件下系统运行的计算设计和模拟，以确保在所有运行条件下对设计裕度和不确定性有足够的把握（可信度）。

传统的试验过程包括表征材料特性行为的单独效应试验；部件、子组件和组装试验；缩放系统试验以及集成系统试验。对于反应堆分系统，试验过程可能需要在空间环境模拟器或其他试验堆中对组件进行试验、亚临界试验以及临界试验（零功率及全功率）。

与用于发电的地面核技术相比，NTP 反应堆堆芯和相关系统面临着独特的挑战。与标准反应堆技术相比，NTP 系统运行在更高的功率密度、温度和冷却剂（推进剂）流速情况下。因此，对于该系统所用材料，可用于进行建模验证的材料数据库非常有限。此外，与地面发电反应堆不同，NTP 反应堆是开放式循环：反应堆冷却剂不是封闭式循环，而是通过喷嘴排出。在制定试验计划之前，将在稳态和动态条件下评估现有材料特性数据库，并对此前相关技术试验项目（如 Rover/NERVA）的可用数据进行审查，审查内容包括它们在工作温度下与流动 $H_2$ 的兼容性。如果选择了类似的材料和操作参数，使用现有数据对最新的 M&S 工具进行基准试验，可能会缩小剩余的不确定性范围，使开发人员能够减少消除风险所需的试验总数和类型。此外，NTP 系统的反应性控制试验仅针对 HEU 系统进行，尚未完成完整的发动机试验。采用慢化 HALEU 燃料的 NTP 系统，需要通过试验来表征系统的反应性控制。

NTP 反应堆会在大约 60 s 的时间内骤开至全功率，同时将氢推

① S. Richards, "Liquid Rocket Engine Flight Certification," Proceedings of Space Transportation Technology Symposium, Pennsylvania State University, 1991, https://ntrs.nasa.gov/api/citations/19910018936/downloads/19910018936.pdf.

进剂引入外部反应堆安全壳，随后引入堆芯，从而进行温度控制（即以 $LH_2$ 作为冷却剂）。在最初的几秒钟内，热机械应力使反应堆堆芯膨胀，产生反应性影响。$LH_2$ 的流入也会产生反应性影响。也就是说，多个反馈效应同时和局部发生，因此功率增加可能是非线性的和规模相关的，如果不能很好地在相应反应堆启动动态模拟中理解和表现这些反馈效应，就很难对功率增加进行预测和控制。这些相互作用条件必须保持高的时间保真度，以此来抵消反应曲线中的瞬态偏移。$LH_2$ 推进剂通过堆芯时还可能导致堆芯压力产生显著变化，其中包括轴向和径向温度变化、流动不稳定性以及发动机振动，这些变化都与规模相关。最后，喷嘴喉部的压力差也可能会诱导产生负载或压力梯度，影响发动机性能和安全性。最后提到的这种效应可能没有重要到需通过地面试验来表征，可通过最初的货运任务进行表征。这些发动机将在接近温度、材料性能以及连接技术能力极限的状态下运行，因此，除了上述的核技术挑战以及热工水力技术挑战之外，还存在着许多热机械验证挑战。最重要的是要认识到，上述大多数复杂的相互作用都是非线性和规模相关的，这就意味着缩小比例的试验结果不代表这些相互作用所代表的风险消退。

集成 NTP 反应堆和发动机分系统的地面试验将降低技术风险。此前所有飞行任务的液体火箭发动机都使用地面试验降低技术风险[①]。虽然可以使用非核的电加热环境来表征集成系统性能，但由于 NTP 系统具有紧密耦合的中子热工水力（neutrionic - thermal - hydraulic）响应特性，所以这种试验的准确性对于该系统而言可能存在异议。此外，这些试验中用于模拟核热的加热元件的设计需要能够准确反映堆芯温度分布（径向和轴向）和加热/冷却速率，以充

① S. Richards, "Liquid Rocket Engine Flight Certification," Proceedings of Space Transportation Technology Symposium, Pennsylvania State University, 1991, https://ntrs.nasa.gov/api/citations/19910018936/downloads/19910018936.pdf.

分反映稳态和动态运行[①,②]。

在选择选项和系统级试验之前，有必要对材料、部件和子组件进行一系列独立的效应试验。将根据材料选择以及与选定材料相关的现有数据库，确定用于表征辐照前和辐照后性能和行为的具体试验。也可以对分系统进行缩小比例的试验，以进一步了解系统级性能参数，缩比试验的设计原则是，设计一定的缩小尺度，用于表征集成系统效应（采用无量纲参数）和识别潜在的失效机制。

在分别进行效应、部件和子组件地面试验之后，将进入系统级核地面试验阶段。可按顺序实施下述试验。在三个阶段中，所有试验都会着重考虑安全与环境评审和审批的潜在要求，尤其是需要建造新设施或改造现有设施的试验。

• 第一阶段。零功率临界（ZPC）和低功率试验。ZPC 试验是验证裂变反应堆各种运行特性的中子试验。ZPC 系列试验的实施方式使反应堆和部件基本上没有放射性。这种试验方法将验证反应性控制系统的可操作性，但不会使反应堆运行在全功率状态。因此，ZPC 方法不能证明反应堆系统的热机械稳定性，也不能证明 $LH_2$ 推进剂对反应性控制、系统性能和安全性的影响。在开发飞行系统之前，不论是否决定包括其他集成系统地面试验，所有反应堆设计都应进行 ZPC 试验，且还可能进行低功率试验。在为货物或载人任务发射 NTP 之前，还将对飞行单元进行 ZPC 试验。

• 第二阶段。反应堆运行试验（类似于 Rover/NERVA 试验）。完整的核反应堆系统运行试验将需要利用裂变产生的热量，对完整

---

① S. M. Bragg - Sitton, R. Dickens, D. Dixon, R. Reid, M. Adams, and J. Davis, "Advanced Thermal Simulator Testing: Thermal Analysis and Test Results," Proceedings of Space Technology and Applications International Forum (STAIF 2008), Albuquerque, NM, 2008, doi: 10.1063/1.2844995.

② S. M. Bragg - Sitton, R. Dickens, D. Dixon, R. Kapernick, M. Adams, and Joe Davis, "Development of High Fidelity, Fuel - Like Thermal Simulators for Non - Nuclear Testing," Proceedings of Space Technology and Applications International Forum (STAIF 2007), Albuquerque, NM, 2007, doi: 10.1063/1.2437499.

的原型反应堆系统进行试验。在启动、运行和停堆期间，$LH_2$将被泵入反应堆结构和堆芯，以此演示验证整个运行阶段的反应堆发动机系统和热管理系统。这种试验方法将演示验证反应堆在瞬态启动、运行和停堆条件下的可操作性、性能、可靠性，以及最重要的可控性，并将在多次重启后证明其性能。如果试验系统设计合理，这些运行试验可提供必要的验证数据，以检测和证明对 M&S 工具在预测反应堆性能、寿命和可靠性等方面的有效性，以及 M&S 工具在表征氢对反应堆材料、热管理和反应性控制的影响方面的有效性。这些试验还可通过进行详细的试验后检查，以确定材料的影响和退化，并确定早期失效机制，从而考虑反应堆间的制造差异。虽然此类试验不包括发动机分系统，但它们需要一个试验台架及配套系统进行支持，以在氢离开反应堆堆芯时对其进行管理。可以评估美国内华达州试验场设施支持运行试验的能力，但因需要捕获和/或再循环 $H_2$冷却剂/推进剂，现有的设施需要进行大量改造才能满足试验要求。此外，还需要获得安全和环境方面的批准①。

• 第三阶段。集成系统试验。系统集成试验会将发动机和推进剂管理分系统添加到第二阶段中描述的反应堆试验装置中②。集成系统试验可以在地面完成，但需要在基础设施和环境批准方面进行大量投资。目前不存在支持这些试验的设施。

第一阶段中描述的 ZPC 试验可能会在现有设施（包括发射场）

① S. K. Borowski, R. J. Sefcik, J. E. Fittje, D. R. McCurdy, A. L. Qualls, B. G. Schnitzler, J. Werner, A. Weitzberg, and C. R. Joyner, Affordable Development and Demonstration of a Small Nuclear Thermal Rocket (NTR) and Stage: How Small is Big Enough?, NASA/TM - 2016 - 219402, AIAA - 2015 - 4524, 2016, https://doi.org/10.2514/6.2015-4524.

② 集成系统试验将验证完整的 NTP 系统，但 $LH_2$的长期贮存能力除外；这些技术可以单独试验。

中进行，但需要对设施进行修改[①]。ZPC 等试验可作为设计过程的一部分，且在飞行装置上进行这些试验时，可在系统发射前验证中子状态和控制鼓可操作性。与其他试验阶段相比，第一阶段试验的进度影响和成本最适中，但 ZPC 试验不会消除与系统动态性能相关的许多风险，尤其是在启动至全功率期间或停堆瞬态期间。

第二阶段中描述的地面试验方法模拟了 Rover/NERVA 采用的方法。用于支持这些历史试验的设施如今已不再可用，但如果有足够的时间和资金，现有设施可以在改进后满足试验需求。使用这种方法进行试验，对于充分了解动态系统性能、寿命限制、可靠性、接口和制造裕度来说是必要的，这样就能够降低实现项目成功过程中的不确定性与风险。为了将降低风险产生的影响最大化，需要多个试验单元来确定被测量系统特性的可重复性，从而正确评估设计裕度。该试验系列只在下列情况出现后才会启动：（1）对历史数据进行彻底评审，根据以前的试验将 M&S 代码进行基准测试，以确定最重要的不确定性区域和潜在的故障模式；（2）详细的分系统试验活动。

如果历史上已有技术基础能够完全重新恢复，有足够的数据可用于识别故障模式和检测用来设计 NTP 系统的最新 M&S 代码，则可以使用来自如 Rover/NERVA 计划的传统燃料、材料和结构设计方法，来缓解与 NTP 系统（使用 HEU 燃料）相关的计划和技术风

① C. Reese, D. Burns, and J. Werner, Cost and Schedule Estimates for Establishing a Zero Power Critical Testing Capability at Idaho National Laboratory to Support NASA Nuclear Thermal Propulsion Design Development, INL/EXT－19－53988, Idaho National Engineering Laboratory, Idaho Falls, ID, 2019.

险[①,②]。无论最终选择何种燃料以满足推进剂温度要求，都需要进行额外的全尺寸试验。挑选金属陶瓷和（/或）cercer 燃料和（/或）慢化剂块设计和（/或）材料，会增加技术风险、开发时间，必然也会增加成本。

第三阶段试验将完成反应堆和发动机集成，并建造能够获取必要性能数据、管理氢排放、在所有计划试验条件和潜在事故场景下维护试验安全的设施，该过程需要投入大量的时间与资金。正如第二阶段所述，为了完全消除风险并确保系统制造和运行的可重复性，有必要对多个 NTP 单元进行试验。这种方法可将技术风险降至最低，但会在定义、建造新试验设施、通过环境评价方面面临成本和进度风险。如果仅有部件、子组件、第一阶段和第二阶段系统试验并伴随着广泛的系统仿真验证，则可以利用全系统、全尺寸集成的飞行试验代替第三阶段试验。这些飞行试验可以包括在首次载人飞行任务之前计划的货运任务。这些任务需要仔细定义和配置仪器，以充分表征系统性能，包括发动机执行基线任务（即往返载人任务）所需的 $LH_2$ 总吞吐量。此外，在执行载人任务之前，需要提前较长的一段时间来执行一项或多项货运任务，从而保证能够根据飞行试验期间收集的数据对 NTP 系统设计进行改进。

如果没有重大的地面测试，M&S 工具的基准测试将仅限于部件/分系统硬件试验以及稳态和动态性能、冷却剂流量以及热力和反应性能的历史数据，这些数据来自 Rover/NERVA 地面试验以及货运任务（首次载人任务之前）在轨试验。为确定 M&S 验证（使用 Rover/NERVA 试验数据）对任何新反应堆设计和材料的相关性，

---

① 传统系统以 HEU 为燃料，而对于以 HALEU 作为燃料的 NTP 系统来说，传统研究和开发的效用将会降低。

② S. K. Borowski, R. J. Sefcik, J. E. Fittje, D. R. McCurdy, A. L. Qualls, B. G. Schnitzler, J. Werner, A. Weitzberg, and C. R. Joyner, Affordable Development and Demonstration of a Small Nuclear Thermal Rocket (NTR) and Stage: How Small is Big Enough?, NASA/TM - 2016 - 219402, AIAA - 2015 - 4524, 2016, https://doi.org/10.2514/6.2015-4524.

需要进行详细评审和评估。

自以前的 NTP 开发项目以来，M&S 仿真分析能力已显著提高。在决定未来的试验路径之前，需要了解用来解决并充分预测 NTP 的耦合多物理模拟（以确保启动可控性和并发冷却性）的能力状态。在这种情况下，对于成功性能、可操作性、可控性、冷却性、可靠性、寿命和安全性的系统级验证，可通过初始的货运任务进行测试，因此货运任务成为验证的关键工具。为了实施上述任务，必须在技术开发计划早期就冻结飞行硬件设计的设计状态，且货运任务的发射时间必须比计划的 2039 年早，先于载人任务，且间隔时间要足够长。过程中，需要注意首飞系统中发现的每一项技术问题，这些问题可能会影响到系统的重新设计、重新试验以及随后的飞行验证。

总之，最具鲁棒性的技术开发方式是执行全部三个阶段的试验，将飞行试验作为独立任务，与货运任务分开进行。成本最低、风险最高的技术开发方式是仅开展与 ZPC（第一阶段，如上文所述）相结合的单独（分开）的效果试验，并利用最初的货运任务开展其飞行试验。在这种情况下，如果 NTP 在最初的货运任务中上验证失败，需要对任务重新设计和试验，将造成严重的任务推迟和成本增加。在这两种极端情况之间，还存在着许多其他选择，例如，执行第一、二阶段（如文中所述）过程的地面试验，虽然是一条具有低、中等技术风险的路径，但该路径同步带来新试验设施的建设、对现有设施的改造、安全和环境批准以及试验完成方面的进度和成本风险。对于全尺寸试验所需的大型设施，尤其是涉及放射性气体、液体和设备的安全壳、贮存和处理设施，与其相关的进度和成本风险问题尤其严重，现阶段建设新试验设施的环评标准与 Rover/NERVA 项目中建设的全尺寸试验设施时相比要严格得多，需要更长的时间来完成环境审批流程。对于采用现行货运任务进行在轨演示验证（相关比例缩小/放大）的路径，需在首次飞行和载人任务间留出足够时间，以进行设计更新并完成验证。

**结论：NTP 建模与仿真、地面试验和飞行试验。**缩比的 NTP

系统空间飞行试验无法释放与基线任务 NTP 系统相关的许多风险和潜在故障模式，因此无法取代全尺寸地面试验。有了足够的全集成系统 M&S 和地面试验（包括在全尺寸和最大推力条件下的试验），在首次载人火星任务之前，货运任务就可以使 NTP 系统满足飞行资格要求。

**建议：NTP 建模和仿真，地面试验和飞行试验。**为了开发能够执行基线任务的核热推进（NTP）系统，NASA 应依靠：（1）在建模和仿真方面大量投资；（2）地面试验，包括全尺寸和最大推力下的集成系统试验；（3）利用货运任务验证使 NTP 系统满足首次载人任务的飞行资格要求。

## 2.6 技术发展与演示验证路线图

图 2-4 中的路线图显示了执行基线任务需要达到的关键里程碑以及完成时间：先于 2033 年进行首次货运任务，再于 2039 年发射载人火星任务。

以基线任务中的货运和载人任务为背景的 NTP 系统开发将需要经过数个项目阶段。如路线图所示，各任务不能够延迟。这些阶段包括：

- 开发 NTP 系统及其分系统和组件的技术和 M&S 能力，
- 分系统和组件的地面测试，
- NTP 系统的设施开发和综合测试，
- 研制和发射货运任务，
- 研制和发射载人探火的基线任务。

为满足必要的原型样机验证时间节点要求，需要并行开展多项技术研究，包括燃料结构技术开发、反应堆堆芯设计、低温流体管理、综合推进系统设计以及发动机部件技术开发和测试。必须对候选燃料体系结构进行评估，以选择能够满足任务要求的体系结构。第一个重要里程碑（到 2021 年年底）是决定使用 HEU 或 HALEU 燃料。

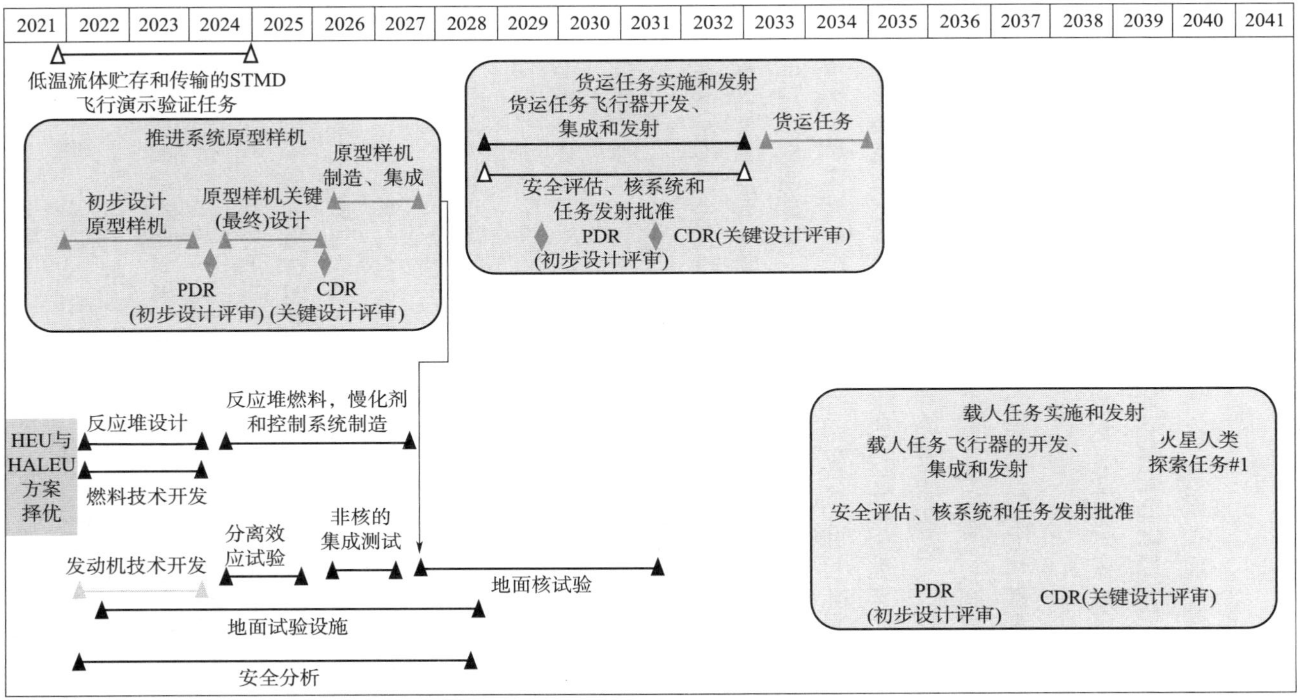


图 2-4　用于 2039 年首次载人任务发射的基线任务核热推进发展路线图

NASA 和 DOE 可以启动燃料技术开发工作，包括燃料化学性质测定（UN、UCO、$UO_2$ 等）和开发（或完善）燃料结构技术（cercer、金属陶瓷、陶瓷等）。如图 2－3 所示，必须在原型样机最终设计评审开始之前完成燃料性能成功验证，因为燃料结构将影响最终设计决策，包括慢化剂块结构和反应堆堆芯材料选择。

工业界、NASA 和 DOE 内的设施均可用于试验和验证核和非核组件性能以及材料特性，因此为支持初步设计工作，计划于 2022 年开始反应堆堆芯结构和慢化剂材料的技术开发。NASA 还需要在 2025 年内展示 $LH_2$ 推进剂罐近零汽化的长期贮存技术。

在原型样机开发期间，将对需要考虑的发动机性能因素和由此产生的反应堆堆芯运行和安全裕度（与流经系统的氢气流有关）进行描述，以支持推进系统的最终验证。原型样机的验证工作预计将在 2027 年至 2029 年期间完成。原型样机的成功验证将是火星飞行系统开发的一个关键里程碑。火星飞行系统的设计工作必须在 2029 年或 2030 年开始，以保证 2039 年载人任务的时间表。

建议的试验计划将需要新升级的设施。需要尽早采取行动，开发必要的试验能力，避免可能对任务进度带来的影响。地面测试可以持续到货运任务设计阶段。

在第一次载人任务之前，计划执行多个货运先驱任务，向火星运送补给，这些货运任务能够满足集成 NTP 发动机系统的飞行资质要求。首次货运任务的发射时间要不晚于 2033 年，这样才能给 2039 年执行载人任务之前留有充足的时间裕量，以解决任何可能的紧急（技术）问题。NTP 系统或载人任务可能由多个基本独立的发动机模块组成。货物任务可能使用单个 NTP 发动机模块，且其推进剂总装载量将比载人探测任务的推进剂总装载量低，但该任务将证实单台发动机的最大推进剂吞吐量。同时，该任务将配置充足的性能能力，以证明合乎载人任务需要的发动机性能、使用寿命和可靠性。

**结论：计划成功的 NTP 前景。**通过一项激进的计划开发 NTP 系统，以满足在 2039 年执行基线任务的时间要求。

**建议：NTP 的主要挑战。**NASA 应该加强核热推进（NTP）挑战相关的基础技术开发，即开发 NTP 系统，实现在每次启动过程中，在反应堆出口将推进剂加热至大约 2700 K。NASA 还应该大力发展能解决以下难点的相关的技术：在太空中以最小的损失长期贮存液态氢；支撑系统开展地面试验的测试设施；快速使 NTP 系统达到满功率工作温度（最好在 1min 或更短的时间内）。

## 2.7 本章小结

通过在全功率条件下对近 20 个反应堆进行地面试验（其中一些反应堆集成了 NTP 发动机硬件），Rover/NERVA 计划证明了 NTP 发动机使用石墨基 HEU 燃料的可行性。不幸的是，这些专业知识在该计划终止后的 50 年里已经丢失了很多内容，一些设计问题仍然没有解决。自 Rover/NERVA 计划以来，美国已经对 NTP 燃料和系统设计展开了数十年的研究，但却再没有建造过其他的 NTP 反应堆或发动机，也没有进行过实际的空间飞行。在 2013 年之前，NASA 和 DOE 的所有 NTP 计划都集中在 HEU 的设计和实验上[①,②]。此外，仅有有限的燃料开发和 M&S 技术致力于 HALEU 设计。

NTP 开发面临着四大挑战，只要有足够的资源就可以克服这些挑战，在 2039 年执行基线任务。如上所述，挑战包括：（1）在每次启动（Burn）期间，在反应堆出口将推进剂加热到大约 2 700 K；（2）液氢在空间中以最小的损耗长期贮存；（3）缺乏足够的地面试验设施；（4）迅速使 NTP 系统达到满功率工作温度（最好在1 min 以内）。

---

① P. Venneri and Y. Kim, "Physics Study of Nuclear Reactors for Space and Rocket Propulsion," Proceedings of the 2013 International Congress on Advances in Nuclear Power Plants, Paper KA148, 2013, http://www.proceedings.com/21535.html.

② G. Rosairem, et al., Design of a Low - Enriched Nuclear Thermal Rocket, Center for Space Nuclear Research, Idaho Falls, ID, 2013.

目前美国没有任何设施可以对全尺寸 NTP 反应堆进行与 Rover/NERVA 试验相当的全功率地面试验。可以对现有设施进行改造，支持 NTP 反应堆的零功率临界试验（ZPC）和低功率临界试验，以在发射前验证控制系统状态和可操作性、反应堆剩余反应性和停堆深度。NTP 开发可以从组件试验和 M&S 开始，逐步提高复杂程度。可着手进行完全整合的反应堆试验（如 ZPC 试验）以验证临界特性。类似 Rover/NERVA 的试验是可以复制的，以试验完全整合的反应堆在启动、全功率扩展运行、停堆和重新启动期间的性能。

很多物理机制和潜在失效机制的非线性和规模相关性表明，需要对反应堆和所有紧密耦合的分系统进行全尺寸试验。这有可能通过地面试验实现。缩比 NTP 飞行试验不能取代全尺寸地面试验。可以通过首次载人飞行任务前的一系列货运任务来进行验证并最终达到适航要求，按计划，首次货运任务将在 2033 年内完成。利用货运任务完成首次全系统集成验证的方法能提供充足的时间裕量，以将吸取到的经验教训纳入之后的 NTP 货运任务，并最终将这些经验纳入 2039 年的载人任务。

# 第 3 章　核电推进

## 3.1 系统概念

核电推进（Nuclear Electric Propulsion，NEP）系统将核反应堆产生热能转换为电能，这一过程与地面核电站类似。电推力器利用核反应堆产生的电能将离子化的推进剂加速进而产生推力。

典型的核电推进系统包含 6 个分系统，如图 3－1 所示，具体包括：

- 反应堆。与核热推进系统相同，由反应堆堆芯产生热能。在核电推进系统中，热能通过流体回路交换给热电转换分系统。
- 辐射屏蔽。与核热推进系统相同，辐射屏蔽分系统用于降低反应堆附近的人员与材料所受到的辐射剂量。
- 热电转换。热电转换分系统将部分反应堆所产生的热能转换为电能，具体的热电转换方式可以分为动态机械转换或者静态固态转换两类过程，例如，像地面核电站一样利用加热的流体工质带动涡轮实现发电，或者利用半导体材料或等离子体二极管实现带电粒子的定向迁移。剩余的热能为废热，通过热排散分系统排放到空间。
- 热排散。地面核电系统可以利用充足的水与气体实现系统冷却。核热推进系统产生的热能用于加热推进剂并被排放到空间。高功率的核电推进系统需要大面积的热排散辐射器以提供足够的冷却能力，同时，随着系统功率水平的上升，热排散辐射器的尺寸、质量有可能远远超过其他的分系统。基于黑体辐射定律，辐射功率强度与温度的四次方成正比，因此热排散分系统的工作温度越高，所需的辐射面积越小[①]。因此，提高工作温度可以提升热排散分系统性能，但是会影响系统其他方面的性能参数。

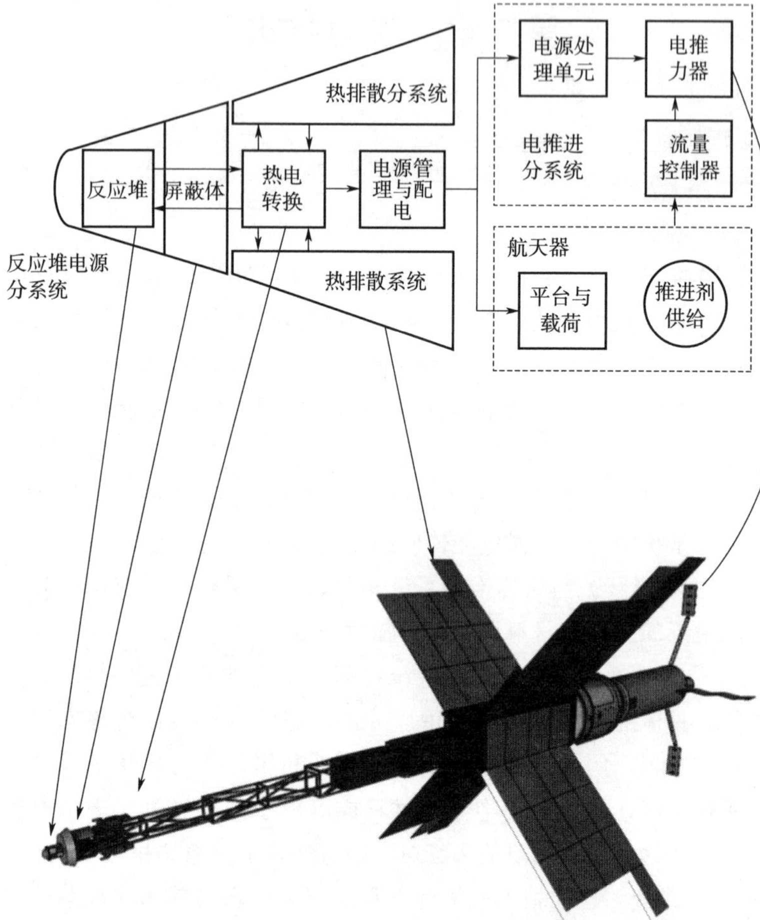


**图 3-1　核电推进系统的分系统和概念设计。来源：Mars Transportation Assessment Study briefing by Lee Mason，NASA，to the Space Nuclear Propulsion Technologies Committee，June 8，2020.**

---

① 任务周期同样会影响辐射器面积的设计。对于长周期的任务，必须考虑微流星体对辐射器的损伤风险。

• 电源管理与配电（PMAD）。为避免不必要的能量损失，热电转换分系统通常在堆芯附近完成能量转换过程，所产生的电能必须经过相对较长距离的传输以及必要的控制管理，以满足电推进分系统的要求。PMAD 系统由控制电路、转换器和连接电缆组成，可以对电压、电流和频率进行有效调节。

• 电推进（EP）。电推进分系统将 PMAD 系统中传输的电能通过电推力器转换为推进的动能，静电场力或者电磁力将已电离的推进工质加速从而产生推力。电推进分系统包括电源处理单元（PPU）、推进剂管理单元（PMS）和推力器。PPU 将 PMAD 系统所提供的电能进行调制，用于产生和加速等离子体。采用“直接-驱动”系统设计可直接从 PMAD 系统驱动电推进分系统，并相应减少 PPU 质量。EP 分系统的启动、节流和瞬变与故障管理等过程由电源控制硬件执行。PMS 控制推进剂向推力器的流量。

核电推进系统的性能主要由特定功率水平下的系统总重进行表征（即系统质量功率比，单位 kg/kWe），电推进分系统的性能由系统寿命、可靠性表征。系统设计方案优选主要的对比要素聚焦在提高热电转换效率、废热排散温度、电推进分系统的效率与比冲等方面。在满足任务时间和可靠性要求的前提下，对指标进行比较优化。

## 3.2 发展历史

从 20 世纪 50 年代起，美国论证、实施了多项核电推进项目，包括：

• 核辅助电源系统（System for Nuclear Auxiliary Power, SNAP）

• SP－100 空间反应堆（SP－100 space power reactor）

• 太空探索计划（Space Exploration Initiative）

• 木星冰卫星轨道器/普罗米修斯（Jupiter Icy Moons Orbiter, JIMO/Prometheus）

核辅助电源系统（SNAP）项目在1958到1972年之间推进了核电推进的关键技术攻关。通过不同的能量转换技术，SNAP项目开发了电功率输出从0.5 kWe（SNAP-10A）到350 kWe（SNAP-50）的系统。核反应堆使用的是高浓缩铀（HEU）。随着项目实施，反应堆的出口温度从810 K上升到约1 350 K。其中，SNAP-10A是美国唯一一个实现在轨应用（近地轨道）的空间核反应堆电源，电功率约为0.5 kWe。在轨运行了43天后，由于一个非核部件的故障，SNAP-10A被主动关闭。另一个与SNAP-10A相同的核反应堆，地面测试时间超过了10 000 h。

SP-100是NASA、美国国防部（DoD）、美国能源部（DOE）共同实施的项目。该项目于1983年启动，主要目标为依托热离子或者温差发电技术研制100 kWe级空间核反应堆电源，同时利用动态循环热电转换技术具备向1 MWe扩展的能力。核反应堆电源使用HEU作为燃料，出口温度约为1 350 K。通过项目实施，多项技术取得重大进展，具体包括核燃料原料（核燃料与燃料包壳）、材料（控制棒、反射层、辐射屏蔽）、热电技术。1994年，该项目由于投资机构的任务需求及能源需求发生了变化而停止，其他技术挑战仍未有明确的解决方案。

太空探索计划从1991年持续到1993年，主要目标是为冲型载人火星任务开发核电推进系统，转移时间为1年，初步的能源需求为10 MWe。该计划对1～3 MWe离子和磁等离子体动力（MPD）推进器进行了研究和分析。但NASA在未完成实质性测试或取得显著技术突破的情况下终止了该计划。

JIMO/普罗米修斯项目在2003年由NASA和DOE发起，其目标是研究开发核电推进航天器，探索木星和木星的几颗卫星。该核电推进系统设计电功率200 kWe[①]。在动态能量转换、热排散以及相

① Susan S. Voss (2020): Nuclear Security Considerations for Space Nuclear Power: A Review of Past Programs with Recommendations for Future Criteria, Nuclear Technology, doi: 10.1080/00295450.2019.1706378.

关的电推进技术方面，项目取得了设计上的进展。但遗憾的是，在项目实施期间没有进行任何一定规模的组件、分系统或系统级测试。2005 年，NASA 重新评估了预算的优先级，终止了 JIMO/普罗米修斯项目。

在支持上述项目研究的同时，NASA 并行支持了 MWe 功率水平的电推进技术研究，包括 1968 年的 200 kWe 汞离子推力器；1～10 MWe 脉冲 MPD、感应式脉冲等离子体推力器基础研究；250 kWe 静态 MPD 推力器。在最近完成的 NextSTEP（Next Space Technologies for Exploration Partnerships）计划中，NASA 支持了 100 kWe 霍尔推进、可变比冲磁等离子体推进（VASIMR）[①] 和反场构型推力器等概念研究。

值得注意的是，除了美国之外苏联也支持了空间核动力计划。如在本书中第 2 章中提到的信息，两台 TOPAZ -Ⅰ型反应堆完成了飞行演示验证。同时在 90 年代初期，美国购买了研发中的 TOPAZ -Ⅱ 型空间核反应堆，用于非核测试与评估[②-④]。

## 3.3 技术发展现状

本节讨论构成 NEP 系统的分系统技术以及相关建模和仿真（M&S）能力的最新技术水平。

### 3.3.1 系统级的 MWe 级核电推进系统

目前，还未实施以 1 MWe 及以上功率等级的核电推进系统为目

---

① VAriable Specific Impulse Magnetoplasma Rocket.

② Buden, D. “Summary of Space Nuclear Reactor Power Systems (1983—1992),” Idaho National Engineering Laboratory, 1993.

③ El -Genk, Mohamed S. “Deployment history and design considerations for space reactor power systems.” Acta Astronautica 64. 9 -10 (2009): 833 -849.

④ Adrianov, V. N. et al, “Topaz -2 NPP Reactor Unit Mechanical Tests Summary Report Vol. 1,” CDBMB through INERKTEK Technical Report, Moscow, Russia.

标的系统级研究项目。尽管有部分项目完成了初步的设计，但却未覆盖完整的详细设计、硬件研制与建模仿真相关工作，没有形成完整的 MWe 级核电推进系统。以 100～200 kWe 核电推进系统为应用背景，目前已开发了 HEU 燃料、热电转换、热排散和推进器相关的核电推进技术，形成了设计和建模仿真工具；其中一些技术可以扩展到 MWe 级功率水平。为基线任务开发 NEP 系统可能需要多个百 kWe 级的核电推进模块，以提供总的推进功率。但这样的设计思路会增加系统的复杂性，特别是每一个独立的百 kWe 级模块都包括 6 个主要分系统，与此同时，航天器还要兼容一个化学推进系统。

### 3.3.2　反应堆分系统

现阶段还没有研制出适用于核电推进系统的空间核反应堆。大量的工作聚焦于高浓缩铀（HEU）燃料以及相应的核反应堆包壳研究，包括对多类燃料元件进行长时间（核电推进）辐照实验[①,②]，几乎未开展用于核电推进系统的高富集度低浓缩铀（HALEU）燃料研究。已开展广泛研究的高浓缩铀燃料包括：氮化铀（UN）、碳化铀（UC）和二氧化铀（$UO_2$），对应地，其包壳层材料主要由耐高温难熔金属制成，例如 Nb－1%Zr[③]，钼（Mo）合金或钽（Ta）合金，可以维持大约 1 200 K 的工作温度。总的来说，核电推进系统所需的燃料、包壳工作温度以及燃料燃烧水平都已经有了较好的研究基础。不过在氮化铀与碳化铀燃料生产制造能力方面还需要开展更多

① J. A. Angelo, Jr. and D. Buden, Space Nuclear Power, Orbit Book Company, Malabar, Florida, 1985.

② R. B. Matthews, R. E. Baars, H. T. Blair, D. P. Butt, R. E. Mason, W. A. Stark, E. K. Storms, and T. C. Wallace, "Fuels for Space Nuclear Power and Propulsion," pp. 179－220 in A Critical Review of Space Nuclear Power and Propulsion, 1984—1993, American Institute of Physics, New York, 1994.

③ That is, an alloy of niobium with 1 percent by weight of zirconium.

的研究[①]。

类似地，在过去的工作中广泛研究了铍（Be）、氧化铍（BeO）反射体材料，氮化硼（$B_4C$）控制棒，氢化锂/W（LiH/W）辐射屏蔽体的性能。在近期的 Kilopower 项目中生产了 Be 与 BeO 反射层核控制棒，但在过去的 16 年内，几乎没有项目支持过 $B_4C$ 与 LiH/W，因此其制造技术需要重新摸索。为了应用于核电推进系统，核电站反应堆的建模与仿真工具需要进行相应的升级，并覆盖 NEP 系统所特有的材料选型和反应堆设计。

综上，NEP 反应堆设计比 NTP 系统更类似于地面反应堆设计，因此，地面反应堆系统应用的有关中子物理、热工水力的仿真分析工具可以用于核电推进系统的仿真设计。在普罗米修斯计划中，采用了反应堆与核电站交互作用的模拟分析方法来研究空间核反应堆电源的系统稳定性。这些模拟分析工具可以用于核电推进系统的研究与开发，以满足基线任务需求。

### 3.3.3　辐射屏蔽分系统

空间核反应堆辐射屏蔽针对一定范围功率水平的核反应堆进行分析，利用建模仿真工具，可以评估屏蔽材料中的辐射输运过程以及热管理过程。为了优化屏蔽体质量（mass），核电推进系统的屏蔽通常采用“阴影屏蔽”的设计方法，利用锥体或者圆柱体的屏蔽体结构，在屏蔽体后方形成锥形的阴影区域，用于布置航天器与载荷。对任何包含核辐射源的航天器，其辐射剂量率取决于以下几个方面：1）核反应堆（或其他辐射源）与载荷的距离；2）辐射屏蔽体的衰减。目前最前沿的屏蔽材料包括：1）Be、LiH、$B_4C$ 用于屏蔽中子；2）W 用于屏蔽伽马射线；上述材料在 SP－100 项目支持下得到了试验验证，并计划于普罗米修斯项目上进行应用。辐射屏蔽体设

① $UO_2$ manufacturing capabilities remain current because UO2 is the predominantly used fuel in commercial nuclear power plants.

计包含了 LiH 的冷却，并且允许冷却剂和控制管线通过而不发生辐射泄漏。在普罗米修斯项目中形成的屏蔽体建模设计技术已经可用于系统设计并指导建造，可用于评估冷却剂和电气线路是否可以成功地集成到阴影屏蔽中①。

### 3.3.4 热电转换分系统

在过去的数十年中，通过难以计数的系统概念以及研发项目的支持，各功率水平下的各类热电转换技术得到了广泛的研究。最相关的热电转换技术包括：

- 静态转换

—温差发电器

—热离子发电器②

- 动态转换

—布雷顿循环发电机

—朗肯循环发电机

—斯特林循环发电机

各热电转换技术在技术成熟度以及技术潜力方面有很大差别。此外，还没有任何一种热电转换技术在真实或者模拟工况条件下实现 MWe 级的电功率输出。部分方案中，使用了多种热电转换单元

---

① J. Ashcroft and C. Eshelman, Summary of NR Program Prometheus Efforts, Report LM-05K188, 2006, https://doi.org/10.2172/881290.

② Thermionic converters are static devices that convert heat directly into electricity. They operate at high temperatures with the potential for low specific mass. In their most elementary form, thermionic converters consist of two metal electrodes separated by a narrow gap. One of the electrodes, called the emitter, is held at a high temperature, typically 1800 to 2000 K. The other electrode, called the collector, is held at a lower temperature, typically 900 to 1000 K. The emitter emits electrons into the gap and the lower temperature collector absorbs them. The electrons absorbed by the collector produce a usable electrical current as they return to the emitter through an external circuit. (National Research Council, Thermionics Quo Vadis?: An Assessment of the DTRA's Advanced Thermionics Research and Development Program, The National Academies Press, Washington, D.C., 2005, p. 15, https://doi.org/10.17226/10254.)

并联的方法，但也未能满足 MWe 级核电推进系统的电功率输出以及系统可靠性要求。

在空间裂变反应堆的发展历程中，温差热电转换技术是重要的技术发展途径，SNAP 项目、SP－100 项目都将温差热电转换技术作为重点的攻关方向。热离子热电转换技术与反应堆堆芯集成，在苏联 TOPAZ 型空间核反应堆上也有应用。然而，温差与热离子热电转换技术无法通过规模等比扩大实现 MWe 级电功率。如前所述，SP－100 项目为了实现 MWe 级电功率输出，选择了动态循环热电转换技术而非静态转换技术。

朗肯循环、布雷顿循环广泛应用于地面核反应堆中①，在大量的研究中形成了较稳定成熟的建模仿真能力，且地面系统的布雷顿循环模型已经相当成熟。但是这两种热电转换技术如果应用于 MWe 级核电推进系统均需要进行更深入的研究与技术升级。

美国在布雷顿热电转换技术投入了大量的研发资源。在近年来开展的普罗米修斯项目、核裂变星表能源（Fission Surface Power，FSP）项目等与核电推进相关的研发项目中都支持了相关研究。与 SNAP－50 系统使用耐高温金属不同，近期的布雷顿系统主要使用耐高温的超级合金②。图 3－2 是普罗米修斯项目中设计的 200 kWe 系统示意图。普罗米修斯项目中研制了 2 kWe 的布雷顿热电转换系统，并与 2.3 kWe 离子推进系统相结合，对核电推进全系统进行了测试。布雷顿系统运行了 800 h。

热离子燃料元件验证计划聚焦于单个燃料元件的寿命测试，热电转换部件包覆在每个 $UO_2$ 燃料元件周围，整体处于堆芯的热与中

① S. A. Wright，R. J. Lipinski，M. E. Vernon，and T. Sanchez，Closed Brayton Cycle Power Conversion Systems：Modeling，Operations and Validation，Sandia National Laboratories，Sandia Report SAND2006－2518，2006，https：//doi. org/10. 2172/1177051.

② A superalloy is a metal alloy with the ability to operate at temperatures up to about 1700 K. Refractory materials，which can operate at even higher temperatures，may be either metal alloys or ceramics.

子环境中①。1993 年，在项目结束之前，单根燃料元件稳定运行了 18 个月。然而，热离子热电转换技术需要燃料元件工作温度达到 1 800 K，因此对堆芯结构材料还需要进行额外设计②。

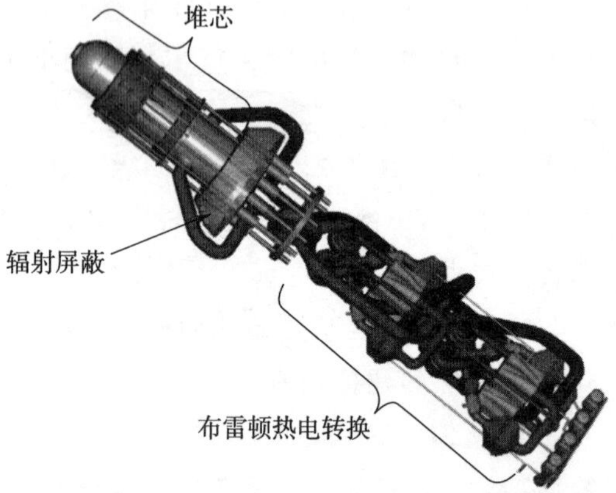


**图 3-2　JIMO/普罗米修斯 200 kWe 反应堆模块；来源：NASA JPL**

在表 3-1 中，给出了各应用于空间电源系统的热电转换技术近期数据，包括最高工况温度实测值、单个热电转换组件功率以及系统所用的材料，不过演示验证系统不以追求高能量、低比质量（质量功率比）为目标，所以不同热电转换技术路线的功率水平有很大差别。其中，朗肯循环在 150 kWe 功率水平进行了测试，其他热电转换技术的功率水平远远低于 MWe 级核电推进功率需求。大部分 MWe 级核电推进概念设计方案中的热电转换分系统，都是基于已有的热电转换测量数据进行设计。同时，为了满足整个系统的复杂度

① Battelle Energy Alliance, Atomic Power in Space II: A History of Space Nuclear Power and Propulsion in the United States, LLCINL/ EXT-15-34409, Idaho Falls, ID, 2015.

② L. Mason, "Power Technology Options for Nuclear Electric Propulsion," in Proceedings of IECEC 2002: the 37th Intersociety Energy Conversion Engineering Conference, pp. 114-121, Washington, DC, 2002, https://ieeexplore.ieee.org/stamp/stamp.jsp?arnumber=1391989.

管理要求，功率拓展不直接通过并联多个已有的功率组件实现，而是通过提升系统工作温度实现。

**表 3-1　核电推进系统相关的热电转换演示验证系统参数**

| 热电转换 | 功率水平(kWe) | 反应堆出口温度(K) | 转换效率(%) | 材料 | 项目与日期 |
|---|---|---|---|---|---|
| 温差 | 1.5 | 1300 | 4.2 | 高温金属 | SP-100(1993) |
| 热离子 | 0.7 | 1800 | 9 | 高温金属 | TFEVP(1993) |
| 布雷顿 | 12 | 1150 | 20 | 超级合金 | 普罗米修斯(2005) |
| 斯特林 | 12 | 843 | 27 | 超级合金 | FSP(2015) |
| 朗肯 | 150 | 1100 | 14 | 高温金属 | SNAP-50(1965) |

注：FSP，Fission Surface Power，星表电源；TFEVP，Thermionic Fuel Element Verification Program，热离子燃料元件验证计划；SNAP，Systems for Nuclear Auxiliary Power，核备用电源系统。

### 3.3.5　热排散分系统

不同热电转换技术的废热排散需求不同。布雷顿和斯特林热电转换用高温气体作为工质，随着气体在热交换器中逐渐冷却，废热排散在较大温区范围内完成。朗肯循环利用核反应堆释放的能量加热液体工质使其汽化并对外膨胀做功，随后工质在特定温度下冷凝(液体工质的蒸发点)。温差发电和热离子发电通过两种方式实现冷却：1）热电转换部件的冷端辐射散热；2）通过冷却回路将废热传递给热辐射器。热辐射器的工作温度以及尺寸面积可根据不同系统技术需求进行设计。

从热电转换分系统向热辐射器的热输运过程通常由两种技术途径实现：1）通过泵驱热回路将热量传导至预埋管道阵列的散热片；2）热管，一种自持型的热传输系统，通过内部工质的相变过程以及毛细力驱动的工质运动实现高导热率。

核反应堆电源中，大量的能量以废热的形式排散出去，因此辐射散热片的面积和质量占据了核电推进系统的绝大部分。目前，还有没有仿真分析的工作重点聚焦于 MWe 级空间核电推进系统的大尺寸热排散分系统研究。此外，大尺寸辐射散热片在发射与在轨展开过程中的结构稳定性、长热管的研制都是现阶段面临的主要问题。在 200 kWe JIMO/普罗米修斯项目中，设计了以钛为管壁材料、水为工质的热管，结合完整的热回路与辐射散热片系统，工作温度为 500 K。2010 年，在项目支持下，完成了集成多根热管的散热片真空环境散热试验①。通过估算，200 kWe 系统的散热系统比质量为 10.1 kg/kWe（约为基线任务需求的系统总比质量指标的一半）②。

### 3.3.6 电源管理与配电分系统（PMAD）

电源管理与配电技术同时与电源、电源负载相关。对于高功率的 NEP 系统应用，其主要的难点在于将电能高效率、低损耗地传输至电推进分系统，同时兼顾 1 MWe 电功率要求、质量（mass）要求、后端 PPU（电推进分系统的电源控制器，用于控制电推力器）的工作电压与电流要求。尽管用于 PMAD 系统的仿真分析工具已经相对成熟，但是作为深空环境中使用的 MWe 级系统，空间辐射对其部件、电路、分系统模块造成的失效模式、引发的电源瞬态过程极其复杂，重点考虑器件失效模式，电源瞬态过程等。现阶段，用于核电推进系统的 PMAD 最新技术在普罗米修斯计划中，以 JIMO 任务为背景完成了设计，但是没有经过任何组件级、分系统级的测试。JIMO 采用了直接驱动的设计方案，将核电源产生的电能经过电压调制后直接传输至推力器。利用 1.6 kWe 的布雷顿系统与 NASA 的 NSTAR（NASA Solar Technology Application Readiness）离子推进器结合，在真空中对这种设计方案的可行性进行了验证。布雷

---

① D. Ellis, J. Calder, and J. Siamidis, "Summary of the Manufacture, Testing and Model Validation of a Full - Scale Radiator for Fission Surface Power Applications," Proceedings of Nuclear and Emerging Technologies for Space 2011, Albuquerque, NM, 2011, https://ntrs.nasa.gov/api/citations/20110012006/downloads/20110012006.pdf.

② NASA Jet Propulsion Laboratory, The Prometheus Project Final Report, NASA report 982 - R120461, 2005, https://trs.jpl.nasa.gov/ bitstream/handle/2014/38185/05 - 3441.pdf? sequence=1&isAllowed=y.

顿系统输出约55 V 的交流电，通过交流–直流变换后转换为 1 100 V 直流电，并传输到推力器，最终产生推力①，设计方案的能量传递效率达到了 91%。尽管验证得到了成功，但是相比于实际应用，验证工况仅仅维持在较低的功率水平，验证时间也较短。测试过程没有包括飞行组件，也没有开展系统可靠性或者瞬态特性方面的测试。根据结果预估，对于 1 MWe 的 NEP 货物运输系统，使用 50 kWe 霍尔推力器，PMAD 分系统的质量功率比约为 1 kg/kWe②。

### 3.3.7　电推进分系统

（1）推力器

电推进分系统已经有数十年的在轨应用历史，但迄今为止，可用的功率水平仅限于 kWe 级，匹配太阳能电池。在各种已经经过在轨应用的推力器选型中，从所需功率水平下的性能及寿命两方面分析，离子推力器、霍尔推力器两种推力器最有可能满足火星任务需求。在 5 kWe 以下功率水平，这两种推力器都具有广泛的在轨应用先例。

离子推力器使用两个或多个平行栅格，每个栅格之间保持一定电压差（见图 3–3），以便实现气体电离后，正离子与电子的分离与加速。在电压差的作用下，离子被加速发射至阴极，为避免出现阴极电荷不平衡的情况，通过阴极中和器来发射电子以中和离子。栅格组件的密度限制了推力器中的离子加速密度，因此 100 kWe 级离子推力器尺寸可能相当大。离子推力器的仿真分析工具发展得相当完善，可以很好地预测寿命及系统性能，同时支持扩展到 100 kWe

① D. Hervol, L. Mason, A. Berchenough, and L. Pinero, "Experimental Investigations from the Operation of a 2 kW Brayton Power Conversion Unit and a Xenon Ion Thruster," NASA TM—2004 – 212960, Paper presented at the Space Technology and Applications International Forum (STAIF 2004), Albuquerque, NM, 2004.

② J. H. Gilland, M. R. Lapointe, S. Oleson, C. Mercer, E. Pencil, and L. Mason, "MW – Class Electric Propulsion System Designs for Mars Cargo Transport," Proceedings of the AIAA SPACE 2011 Conference & Exposition, Long Beach, CA, 2011.

级推力器，主要的不确定性来自地面测试设施对推力器寿命测试的影响。

霍尔推力器通过将推进剂注入环形通道中，在径向磁场的作用下，环形通道中存在大量高速运动的电子，从而使推进剂发生电离（见图 3-4）。推进剂入口以及离子喷口作为正负两极，在二者之间施加电压差。在加速区，电子与离子相互混合，因此这一点并不构成限制霍尔推力器最大推力密度的主要因素。与离子推力器一样，霍尔推力器的建模仿真工具已经非常先进与完备，可支持扩展到 100 kWe 级。不过，大功率霍尔推力器的地面测试设备表明，测试设施、推力器及其产生的等离子体羽流会影响性能及寿命的测试结果，在本书成稿之时，尚未完全攻克这一问题[①②]，这一问题给高功率霍尔推力器的在轨应用性能与寿命预测带来了不确定性。

表 3-2 给出了最新的离子和霍尔推力器的主要性能，表中主要参数来源于以下四套飞行系统：

• Aerojet Rocketdyne XR-5 霍尔推力器，现阶段应用于部分美国国防部以及商业航天器，地面测试时间已经超过 10000 h。

• NASA's Advanced Electric Propulsion System（AEPS）霍尔推力器，现阶段处于工程样机研发阶段，设计工作寿命超过 20000 h，计划用于 NASA“月球门户”任务的能源与推进模块。

• NSTAR 离子推力器，用于深空 1 号（1988）和黎明号（2007），寿命测试时间超过 30000 h。

• NASA 的 Evolutionary Xenon Thruster - Commercial（NEXT-C）推力器，现阶段已经完成 50000 h 地面测试，计划用于双小行星重定向任务（2021）。

---

① M. J. Sekerak, et al., “Mode Transitions in Magnetically Shielded Hall Effect Thrusters,” Proceedings of the 50th AIAA/ASME/SAE/ASEE Joint Propulsion Conference, Cleveland, OH, 2014, https://doi.org/10.2514/6.2014-3511.

② E. Dale, B. Jorns, and A. Gallimore, “Future Directions for Electric Propulsion Research,” Aerospace 7 (9): 120, 2020, https://www.mdpi.com/2226-4310/7/9/120/htm.

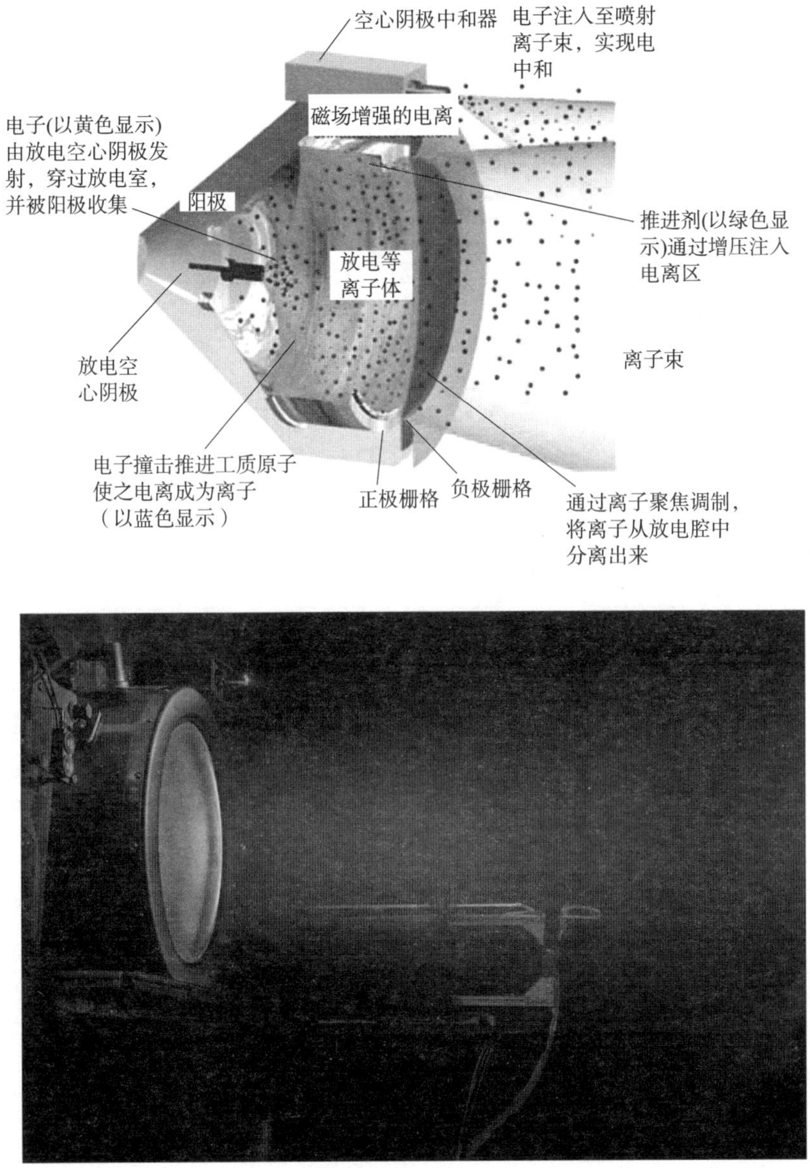
空心阴极中和器
电子注入至喷射离子束，实现电中和
磁场增强的电离
电子(以黄色显示)由放电空心阴极发射，穿过放电室，并被阳极收集
阳极
推进剂(以绿色显示)通过增压注入电离区
放电等离子体
离子束
放电空心阴极
电子撞击推进工质原子使之电离成为离子（以蓝色显示）
正极栅格
负极栅格
通过离子聚焦调制，将离子从放电腔中分离出来

**图 3－3　离子推力器。来源：NASA（见彩插）**

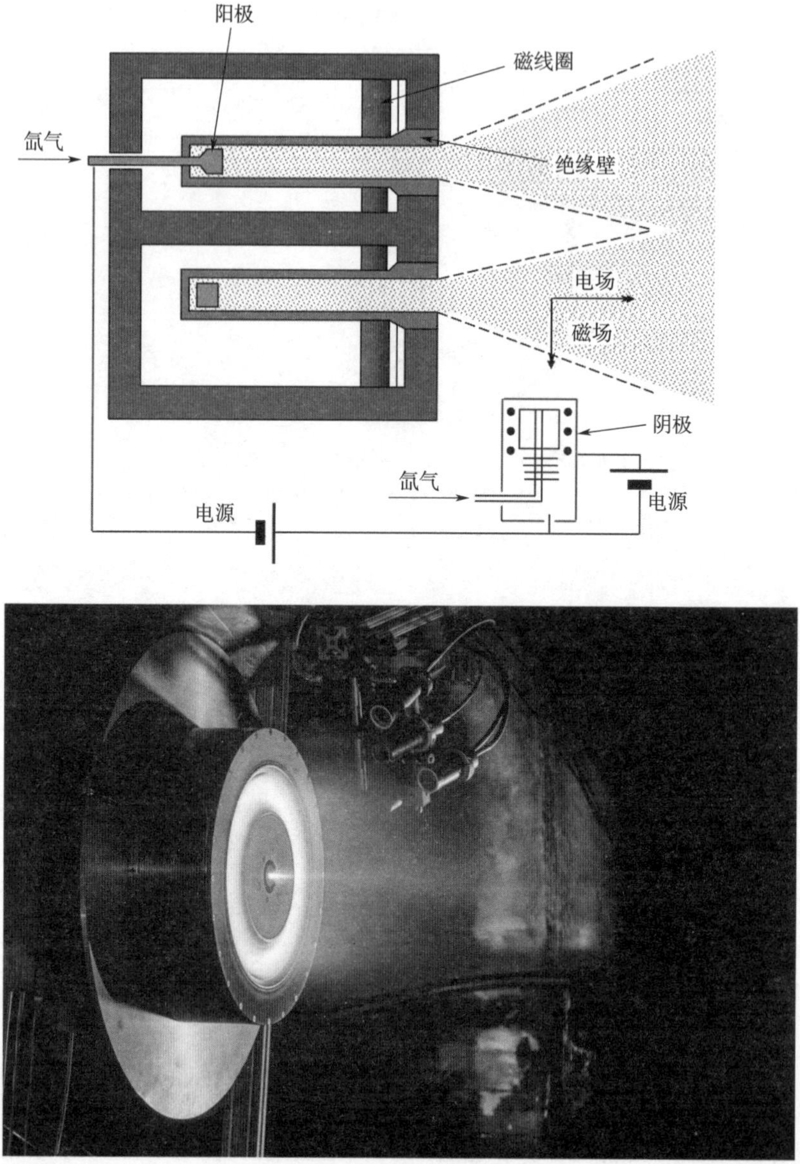


图 3-4　霍尔推力器。来源：NASA（见彩插）

所有的推力器均包括相应 PPU 与 PMS 分系统，主要面向太阳能光伏发电系统而非核电源。

**表 3-2　霍尔与离子电推力器与电源处理单元（PPU）技术水平**

| 推力器 | 类型 | 功率(kWe) | 技术状态 | 推进剂 | $I_{SP}$(s) | η(%) | α(kg/kWe) | PPUα(kg/kWe) | 引文 |
|---|---|---|---|---|---|---|---|---|---|
| XR-5 | 霍尔 | 4.5 | 在轨飞行 | 氙气 | 2 020 | 56 | 2.7 | 2.8 | AIAA-2010-6698，AIAA 2005-3682 |
| AEPS | 霍尔 | 12.5 | 工程样机 | 氙气 | 2 800 | 67 | 3.8 | 40 | AIAA 2020-3626，A-R Spec Sheet |
| NASA-457 M | 霍尔 | 50 | 原理样机 | 氙气 | 2 740 | 62 | 2.0 | | AIAA 2012-3940 |
| XR-100 | 霍尔 | 100 | 原理样机（研制中） | 氙气 | 2 570 | 63 | 2.3 | | IEPC-2017-228 |
| NSTAR | 离子 | 2.3 | 在轨飞行 | 氙气 | 3 120 | 60 | 3.6 | 6.4 | https://www1.grc.nasa.gov/space/sep/gridded-ionthrusters-next-c/ |
| NEXT-C | 离子 | 6.9 | 通过飞行鉴定试验 | 氙气 | 4 155 | 70 | 2.0 | 5.1 | AIAA 2020-3604 |
| Herakles | 离子 | 28.5 | 原理样机 | 氙气 | 7 000 | 70+ | 1.8 | 2.5 | AIAA 2005-3890，AIAA 2005-3891 |

注：$I_{SP}$—比冲，α—比质量，η—效率。

现阶段在轨飞行的电推力器最大功率仅为 6.9 kWe，因此通过多个推力器并联来满足 MWe 级 NEP 系统需求的设计方案不切实际。在研制中的几个推力器项目已经在 50 kWe 或以上功率测试了数十个小时，包括表 3-2 中列出的两个霍尔推力器和两个尚不成熟的推力器概念：MPD 和 VASIMR®推力器。迄今为止，测试功率最高的霍尔推力器为 XR-100，在与 PPU、PMS 全系统集成的条件下运行了几个小时，其最终目标是实现 NASA NextSTEP 先进推进系统计划所提出的稳定运行 100 h 的项目要求①。

MPD 推力器（见图 3-5）使用洛伦兹力驱动工质。洛伦兹力由被电离的推进剂产生的电流以及电流自己引发的磁场产生。通过额外施加磁场可增强洛伦兹力的大小。MPD 推力器的推力和功率密度

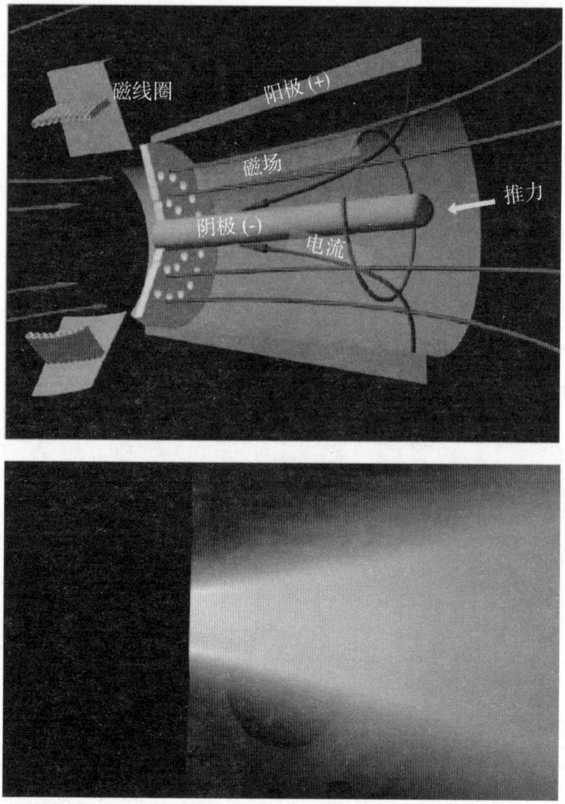


**图 3-5　MPD 推力器。来源：Electric Propulsion and Plasma Dynamics Laboratory, Princeton University（见彩插）**

① NASA, "Advanced Electric Propulsion NextSTEP BAA Activity - Completed Technology Project (2015—2018)," https://techport.nasa.gov/view/33078, accessed May 22, 2021.

是所有电推力器中最高的。理论上 MPD 适用于多种推进剂，但是锂似乎最有希望应用于核电推进系统。

VASIMR 推力器（见图 3－6）在两阶段过程中使用微波来产生并加热等离子体，然后通过磁性喷嘴膨胀以产生推力。表 3－3 给出了上述虽不成熟但功率更高的推进技术的相关参数。近年来，MPD 与 VASIMR 都未开展大规模的寿命测试。据报道，在苏联时期，曾对 500 kWe 功率、锂工质的 MPD 推力器进行了 500 h 寿命测试，虽然获得了积极的测试结果，但不能完全确认。Ad Astra 火箭公司正在努力实现 100 kWe VASIMR 工作 100 h①。MPD 和 VASIMR 使用的仿真分析工具非常有限且简单，尚未得到较为全面的试验验证，远落后于霍尔和离子推力器。

（2）电源处理单元与推进剂管理单元

目前最先进的 PPU 是用于匹配 4.5 kWe 的 XR－5 霍尔推进系统。该 PPU 在输入电压为 70 V 时，热电转换效率为 92%，质量为 12.5 kg，比质量为 2.8 kg/kWe。XR－5 还同时使用了最先进的 PMS。Aerojet Rocketdyne 公司为 NASA 的阿尔忒弥斯项目（拟于 2024 年发射）开发的 12.5 kWe AEPS 霍尔推力器（含 PPU、PMS)，是霍尔推进系统的下一代产品。在 NASA 的 NextSTEP 计划期间，开发和测试了用于 X3 霍尔推力器的 PPU，在实验室环境下测试了几十个小时。综上所述，所有这些 PPU 都基于太阳能光伏电池设计，而非核电源。与 PMAD 一样，用于 PPU 和 PMS 的分析仿真工具已经初步建立，但尚缺乏匹配 MWe 级系统的组件、回路、流体的模型。由于电气元件的高功率以及高辐射环境，PPU 分析工具的开发与验证有很大的挑战性。

---

① V. P. Ageyev，V. P. Ostrovsky，and V. A. Petrosov，“High－current Stationary Plasma Accelerator of High Power,” Proceedings of the 23rd International Electric Propulsion Conference，1993，http：//electricrocket. org/IEPC/IEPC1993－117. pdf.

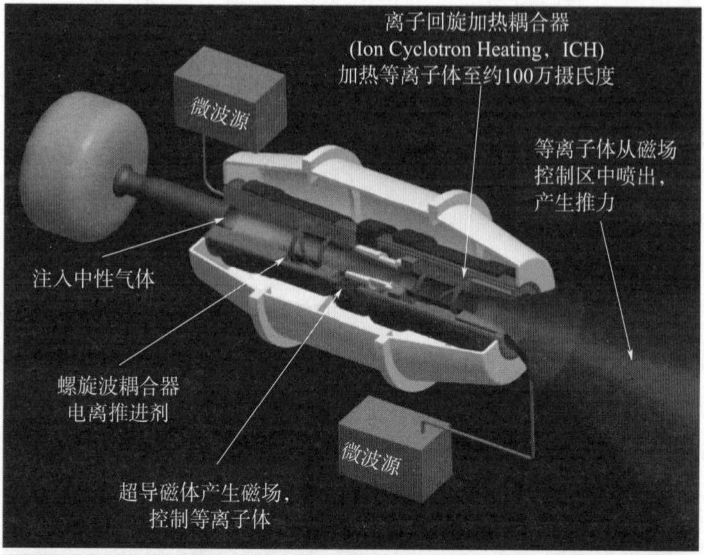


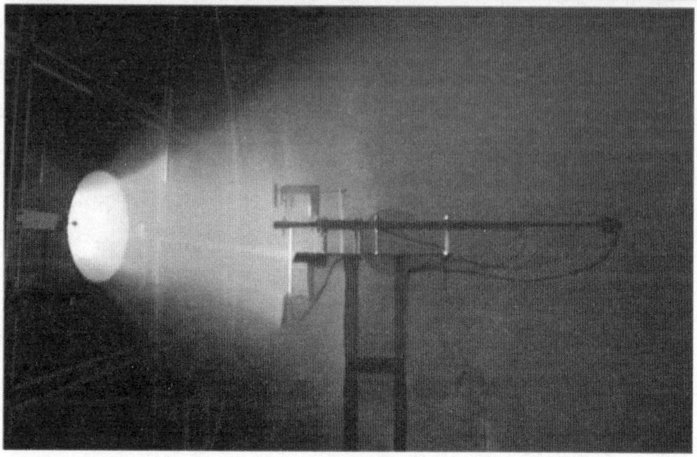

**图 3-6　VASIMR® 推力器。来源：Ad Astra Rocket 公司授权使用（见彩插）**

## 3.4 技术要求、风险与备选方案

综上所述，尽管现阶段已有部分大功率电推进技术的研究基础，但其在功率水平、比质量和系统可靠性等方面的还未达到 NEP 系统基线任务的要求。此外，现阶段适用于 MWe 级功率的 PMAD 或 PPU 系统还未考虑抗核辐射相关的要求。现有的推力器概念，例如霍尔、离子推力器等，在比冲以及效率方面可以满足核电推进系统的要求，但当前的功率水平仅能匹配太阳能电推进（SEP）系统，未来匹配核电推进功率水平必须增加一个数量级。更高功率的电推力器，例如 MPD 或 VASIMR 等，技术成熟度较低。对 MWe 级功率系统的寿命与可靠性方面还未开展详细的研究。

在推进剂管理方面，使用气体或者液体推进剂的系统可以充分继承已有的、经过在轨验证的技术基础，根据系统实际规模进行等比的缩放以及适应性改造。（使用以固体形式存储的锂推进剂的 MPD 系统，其推进剂控制回路需要进一步的研究）。此外，如第 1 章中所述，无论采用何种电推技术路线，满足基线任务需要的 1 MWe 级核电推进系统均需要化学推进作为技术补充。化推系统使用低温推进剂，低温推进剂的贮存及冷却技术的研究必须同步开展。

**表 3－3 高功率电推力器与电源控制器（PPU）概念研究现状**

| 推力器 | 类型 | 功率（kWe） | 技术状态 | 推进剂 | $I_{SP}$(s) | $\eta$(%) | $\alpha$(kg/kWe) | PPU$\alpha$（kg/kWe） | 引文 |
|---|---|---|---|---|---|---|---|---|---|
| SX3 | MPD | 66 | 原理样机 | 氩 | 3 670 | ～50 | | | IEPC 2017－339 |
| ALPHA2 | MPD | 245 | 方案设计 | 锂 | 6 200 | ～60 | 0.5 | 1.5 | AIAA 2005－3 894 |
| VASIMR | 微波驱动的磁等离子体 | 200 | 原理样机 | 氩 | 5 000 | ～60 | 2.8 | 2.85 | AIAA 2019－3810，AIAA 2018－4417，AIAA 2017－4630，IEPC2013－149 |

注：$I_{SP}$比冲，$\alpha$ 比质量，$\eta$ 效率。

### 3.4.1 系统集成

核电推进系统是一个复杂的系统，对功率水平、比质量、比冲、效率、寿命和可靠性的性能要求贯穿各个分系统，具体表现在工作温度以及功率密度两个方面。要想实现比质量 20 kg/kWe 的基线任务指标，堆芯分系统、热电转换分系统、热排散分系统必须工作在更高的温度，同时电推进分系统要提高电源管理以及推力器的整体效率。多个分系统必须确保在任务运行的所有阶段以及意外、故障等瞬态条件下可保证足够的性能并可靠运行。核电推进系统的发展与成熟依赖于多项理论与工程的基础学科，例如中子物理、热工水力、高温材料、流体力学、涡轮机械、电气工程、电磁学、等离子体物理等。需要开发系统级的分析仿真工具，通过各系统开发过程中的接口定义，来描绘各分系统之间的相互作用。NASA 的 SEP 探测项目已经证明了这种建模方法的可行性。NASA 的最新研究进展为对普罗米修斯（2003—2005 年）项目中的核电推进系统开展了可信度分析，功率在百 kWe 级。在基线任务所需要的功率等级及系统规模上应用普罗米修斯级别的技术，同时达到系统比质量指标，是非常具有挑战性的。

**结论：NEP 功率缩放。**迄今为止完成的核电推进系统相关的飞行或地面技术演示系统与基线任务需求的 MWe 级系统相比，功率水平仍相差几个数量级。

### 3.4.2 反应堆分系统

第 1 章中提出的核电推进系统指标为功率 1～2 MWe，电推进分系统比质量不超过 5 kg/kWe，其他五个分系统的总比质量不超过 15 kg/kWe。反应堆燃料工作在足够高的温度，以确保反应堆出口温度约为 1 200 K。对于基线任务，此系统将在 4 年时间燃烧掉约 4%的核燃料。这些参数在已经实施的空间堆电源项目研究过的辐照测试范围内，有待最终确定的关键技术途径包括燃料富集度（HEU 或 HALEU）①、中子能谱（快中子或慢中子）。上述决策将影响反应

① 参考第 5 章关于 HEU 和 HALEU 的讨论。

堆燃料、包壳和结构材料的选择。作为燃料系统参考，用于快中子堆的 UN 燃料块（Nb－1%Zr 包覆）完成了广泛的辐照测试，尽管大部分的测试都是在 25 年之前完成的。可用的反应堆控制材料足以用于建造高可靠的反应堆分系统。在反应堆部组件制造和材料制造过程中，需要进行合理的技术回收活动。

### 3.4.3　辐射屏蔽分系统

考虑任务需求，辐射屏蔽分系统需在 4 年设计寿命内，为距离反应堆 50～100 m 的航天员和电子元器件提供合适的屏蔽，现阶段有多种可行的技术途径。如前所述，屏蔽层中低原子序数材料（Be、LiH、$B_4C$）用于衰减中子，高原子序数材料（W）用于衰减伽马射线。大多数屏蔽体最优工作温度为 300～900 K，因此需要适当的冷却措施，将温度降到反应堆工作温度以下。大部分氢化物屏蔽材料在高温环境中会迅速分解出氢气。

### 3.4.4　热电转换分系统

热电转换分系统与反应堆相结合，其工作高温端与反应堆出口温度匹配。对于动态热电转换，涡轮材料应能承受 1 100～1 200 K 的高温，如果温度在 1 150 K 以上，则至少要选用超级合金材料或者高温难熔金属。对于 1～2 MWe 的目标功率水平，需要多个输出功率在 200～800 kWe 的转换器并联组成，具体数量根据组件或系统的性能、寿命、可靠性三者之间的平衡取舍。热电转换分系统的寿命若低于全任务周期（2～4 年，取决于任务在轨组装与运行要求）则需考虑多个组件或者分系统备份，以确保任务成功。电能产生后，需要进一步进行调制以满足电推进分系统的使用要求，霍尔推力器需要 400～650 V 的交流电，而为满足离子推进器所需的直流电压，需要交流电电压达约 3 000 V。

现阶段经过测试的热电转换系统工作温度已经接近满足 MWe 级核电推进系统所需的最低要求。其中，布雷顿热电转换技术比其他技术路线更为先进，但其引入了新型的风险，且地面已经演示验证过的系统输出功率比 1～2 MWe 功率要求低了数个数量级。朗肯热电转换技术虽然在地面上广泛应用，但在空间零重力环境下主要面临气液两相分离的难题。部分以液态金属为工质的热电转换技术也会引入难熔金属的需求。先进的热电转换系统可以实现 20%～35%的热电转换效率。[①]

### 3.4.5 热排散分系统

1～2 MWe 的核电推进系统热辐射器的工作温度需要达到500 K 以上才能实现高效散热，散热面积约为 1 500～3 000 $m^2$。热辐射器需要同时兼顾高导热性，并在系统运行时间内（2～4 年，取决于任务设计）高可靠工作。类似于普罗米修斯项目的技术路线，热排散分系统初步选择使用碳复合材料结构、水工质热管以及泵驱钠钾金属回路，实现约 7.7 $kg/m^2$的面积质量比（含配套泵组、管路）。虽然选择更高的热辐射器工作温度，可以有效减少系统质量，但同时也会提高热电转换分系统、反应堆分系统的工作温度。另一种减少质量的方法是使用恒定排热（constant - rejection）温度循环，例如朗肯循环在热电转换过程中工质发生相变而非像布雷顿循环工质在循环中温度降低，但需要额外解决微重力环境下的气液两相分离的问题。第三种减少质量的方法是开发低质量、高热导的热辐射器材料。

在如此大的热排散面积需求下，热排散分系统的发射收拢、在轨展开和在轨组装是技术难点。为了满足运载火箭整流罩包络要求，需要将流体回路折叠起来，同时保证不破坏流体回路管路的密封，并确保满足发射过程中的力学环境要求。在此技术领域，没有太多的在轨应用技术经验可供参考。

---

① G. R. Longhurst, E. A. Harvego, B. G. Schnitzler, G. D. Seifert, J. P. Sharpe, D. A. Verrill, K. D. Watts, and B. T. Parks, Multi - Megawatt Power System Analysis Report, INEEL/EXT - 01 - 00938 Rev. 01, 2001, https: //inldigitallibrary. inl. gov/sites/sti/sti/2688772. pdf.

### 3.4.6　电源管理与配电分系统

MWe 级的核电推进系统需要高效的电源管理与配电分系统，实现将高压交流电传输到推力器的电源管理系统（PPU），或实现 400～800 V 的直流传输整流，供推力器（例如，霍尔推力器）使用。传输电压越高，传输电流越小，所需的传输系统质量越轻。为了满足基线任务的质量要求（含散热），同时考虑现阶段已有的硅基电子元器件工作温度在 350 K 左右，需要较大散热面积，因此电源管理与配电分系统的效率至少需要达到 90%～95%。此外，借鉴在 JIMO 项目中的研究结果，分系统的各元器件需进行辐射加强以确保在核辐射和空间辐射环境下稳定工作。在可靠性方面，要考虑在极限任务 2～4 年寿命期内确保电源切换与功率条件稳定工作。可选用的高可靠、抗辐射的电子元器件性能有限，或许给电源管理与配电分系统在工作电压、电流设计方面带来新的限制。

选用更高工作温度的半导体材料（例如 SiC 或 GaN），可进一步改善性能。在 MWe 级核电推进系统前期的研究中已经考虑了相关方案，研究的重点是要进一步提高相关器件的性能与寿命，满足基线任务需求。电源管理系统与电推进中电源处理单元若采用 SiC 器件，则可选择更高工作温度，从而减少散热器面积与质量。但必须证明在相关空间环境下，MWe 级功率水平的性能和工作寿命。

### 3.4.7　电推进分系统

推力器性能要求与电源系统的比质量和功率水平相关。如在第 1 章中所述，比冲大于 2 000 s，推力器效率大于 50%，以为核电推进系统的载荷与任务时间提供足够的速度增量。采用 100 kWe 或者更高功率的推力器可减少推力器的使用数量从而降低系统的复杂性。类似地，基线任务提出总系统工作时间不少于 2 年，约为 20 000 h，因此推力器寿命至少为 2 年，此外，按照空间系统常规的 50%裕度，实际寿命需要达到 3 年或 30 000 h，或者付出一定的总系统质量代价，包括必要的备用部件。考虑到任务发射时间、在轨组装时间、火星往返时间等等，系统必须保证在 4 年的任务全周期内可用。

（1）推力器

现有的各类推力器无法完全满足任务要求。霍尔和离子等已经经过在轨验证的推力器分别为 4.5 kWe 和 7 kWe，下一代预期开展验证的推力器为 12.5 kWe 的 AEPS 霍尔推力器。上述推力器需要满足至少 20 000 h 的工作时间要求。4.5 kWe 的霍尔推力器经过超过 10 000 h 的测试，没有发现寿命限制；7 kWe 离子推进器的测试时间为 50 000 h，AEPS 推进器的设计寿命（尚未验证）超过 23 000 h。现有的测试设备无法支持超过 20 kWe 的等离子体推力器的长时间测试，限制了推力器功率水平的进一步提高。

在所需比冲不变的条件下，将推力器扩展到更高的功率水平意味着增加功率密度和推力器尺寸的风险。对于离子推力器，这意味着电极栅格面积增加一个数量级，同时将间距保持在 1 mm 以内。对于霍尔推力器，要么增加通道内的功率密度，同时引入加热与寿命的问题，要么使用多个通道（已形成原理样机在实验室环境下进行了研究与测试[①]），与离子推力器类似。环形离子推力器通过为网格提供中央支撑来解决网格间距的问题[②]。对于霍尔推力器，多个通道嵌套的方案已经通过 100 kWe 功率水平的测试[③]。上述两种技术途径都只经过了很短的功能性能验证，后续需开展进一步测试。

---

① S. J. Hall, B. A. Jorns, A. D. Gallimore, H. Kamhawi, T. W. Haag, J. A. Mackey, J. H. Gilland, P. Y. Peterson, and M. J. Baird, "High - Power Performance of a 100 - kW Class Nested Hall Thruster," IEPC - 2017 - 228, presented at the 35th International Electric Propulsion Conference Georgia Institute of Technology, October 8 - 12, 2017.

② M. J. Patterson, R. Thomas, W. Crofton, J. Young, and J. E. Foster, " High Thrust - to - Power Annular Engine Technology," 51 st AIAA/SAE/ ASEE Joint Propulsion Conference, FL, July 27 - 29, 2015, https: //doi. org/10. 2514/6. 2015 - 3719AIAA - 2015 - 3719.

③ S. W. H. Shark, S. J. Hall, B. A. Jorns, R. R. Hofer, and D. M. Goebel, " High Power Demonstration of a 100 kW Nested Hall Thruster System," Proceedings of the AIAA Propulsion and Energy Forum, Indianapolis, IN, 2019.

MPD 和 VASIMR®两种推力器可以更好地适应高功率，同时也只有高功率水平才能有效运行，因此普遍缺乏性能与寿命方面的试验数据。在传统航天器设计中，由于缺乏在轨供应高功率的技术能力，往往不会选用大功率的电推力器。迄今为止，以锂为工质的 MPD 推力器已经得到一些积极结果；在 250 kWe 以上功率水平的性能、电极寿命和热响应数据很少①,②。MPD 推力器是高电流、低电压设备，会给 PPU 和 PMAD 带来加热和切换的问题。VASIMR 在性能与工程应用方面都处于较低的技术成熟度，迄今为止的工作还不能证明磁性喷嘴（用于加速等离子体）的物理性能、设备寿命以及超导线圈的可实施性足以满足系统性能要求③。

（2）电源处理单元

电源处理单元的设计方案主要依赖于是核电源直接驱动电推进分系统或是标准的 PPU 系统。如果系统选用标准 PPU，则系统架构、技术要求与风险设计与其他的电推进分系统相似，但电功率水平要高很多。在 NASA 支持的 NextSTEP 项目中，研究了高功率电推进分系统的 PPU，在单个 100 kWe 的电推力器上短期进行了测试。如果系统选用直接驱动的方法，PPU 的设计方法则大大简化。在等离子体羽流相互作用的多个推力器组成的系统中，仍然需要实现阴极操作、电磁线圈、推力器电流的控制并反馈到 PMS、推力器点火和瞬态、推力器节流（如有需要）等各推力器之间的协同控制过程。此外 PPU 还需要在快速瞬变过程中实现电源管理能力，这通

---

① V. P. Ageyev, V. P. Ostrovsky, and V. A. Petrosov, "High - Current Stationary Plasma Accelerator of High Power," 23rd International Electric Propulsion Conference, IEPC - 93 - 117, July 1993.

② E. Y. Choueiri, Advanced Lithium - Fed Lorentz Force Applied Field Accelerator, Final Technical Progress Report, Princeton University, December 2007.

③ J. P. Squire, M. Carter, F. R. Chang Diaz, A. Corrigan, L. Dean, J. Farrias, M. Giambusso, G. McCaskill, and T. Yao, "Steady - State Testing at 100 kW in the VASIMR®VX - 200SS Project," AIAA 2019 - 3810, AIAA Propulsion and Energy 2019 Forum, 2019, https://doi.org/10.2514/6.2019-3810.

常发生在推力器运行、组件失效期间。上述过程在多个推力器的集成系统中会引起大功率瞬态的变化。对于任何一种 PPU 设计架构，为了减少电推进分系统的热耗，PPU 的各组件运行效率必须超过 90%，工作温度必须高于现有的硅基器件工作温度。

根据现有任务的需求，为确保核电推进系统的比质量整体小于 20 kg/kWe，电推进分系统的总比质量要小于 4.5 kg/kWe。NextSTEP 项目中提出的目标是：100 kWe 级的电推进分系统（含推力器、PPU、PMS）比质量小于 5 kg/kWe。虽然实现这一指标有较高的技术难度，但却有利于直接驱动型 PMAD 应用，热电转换分系统输出电能已经可以匹配电推力器工作要求。这种设计方案虽然可以大大降低 PPU 的比质量，然而技术成熟度并不高。直接驱动型的设计方案只完成了实验室可行性验证，由实验室模拟电源提供离子加速所需的电能，由实验室常规供电为其他组件供能，没有对各瞬态过程进行全面评估。例如，模拟布雷顿热电转换装置对离子推力器的驱动，仅仅用于 1 100 V 的离子束电压，其他的例如阴极等组件的控制均由实验室电源供电①。此外，飞行系统的可靠性以及故障保护要求也会进一步增加 PPU 质量。

（3）推进剂管理单元

离子推力器、霍尔推力器，这两种现阶段最成熟的电推技术，均使用氙气作为推进剂，在用于空间任务的氙气贮存与管理方面有丰富的飞行经验。氙气作为超临界气体在高压容器中贮存，通过减压阀对压力与流量进行调节，以满足推力器要求。扩展到更高功率需要尺寸更大的推进剂贮箱。NASA 的动力和推进单元（PPE）项目中正逐步开展技术攻关，拟实现 50 kWe 太阳能电推进系统，携带

① D. Hervol, L. Mason, A. Berchenough, and L. Pinero, "Experimental Investigations From the Operation of a 2 kW Brayton Power Conversion Unit and a Xenon Ion Thruster," NASA TM—2004 - 212960, Paper presented at the Space Technology and Applications International Forum (STAIF 2004), Albuquerque, NM, 2004.

2 500 kg 氙气[1,2]。虽然这一指标比载人火星基线任务所需的推进剂质量低两个数量级（约为 100 000 kg）。面对如此大的推进剂质量需求，还不清楚推进剂贮箱该如何按比例增加。

## 3.5 试验、建模与仿真

NEP 系统有多个分系统，独立执行各关键功能，将反应堆产生的热能转化为推进动力。多分系统的复杂性为展示整个系统执行预期任务的能力带来了挑战和机遇。挑战在于系统的集成和地面测试涉核、非核分系统的需求；机会在于各系统可以清晰分解，这些分系统可以在集成之前单独测试。这种方法在 SEP 任务中已经成功验证。同样，在阿尔忒弥斯任务早期中拟使用的电推进系统也为 NEP 系统的集成和建模仿真能力提供了一些机会。

NEP 的测试方法反映了其分解成各分系统的界面，同时也暴露了其在某些技术方面的不成熟。测试通过可分为两个阶段。在第一阶段，初步测试验证反应堆燃料以及各个分系统可选的材料及组件；第二阶段，后续测试验证分系统级的性能与寿命。在第二阶段还需系统建立各分系统之间的接口要求。功率水平从现阶段的 kWe 级急剧增至 MWe 级，意味着各个分系统的地面测试设备需要进行相应评估，确定设施的可用性、限制条件以及可扩展性，以确定其经过必要的改造或者升级后，可满足 MWe 级的测试要求。下文将会进一步进行论证，M&S 工具的开发验证与样机试验测试并行的必要性。

---

① The Power and Propulsion Element is a spacecraft that is being developed as part of NASA's Project Artemis to return astronauts to the Moon.

② D. A. Herman, T. Gray, I. Johnson, T. Kerl, T. Lee, and T. Silva, "The Application of Advanced Electric Propulsion on the NASA Power and Propulsion Element (PPE)," IEPC-2019-651, Paper presented at the 36th International Electric Propulsion Conference, Vienna, Austria, 2019.

NEP全系统的测试与认证将涉及独立研制与测试多个组件、部件、分系统，并在分系统技术成熟后进行系统集成。

在反应堆中子物理计算准确，且充分考虑了可能影响堆芯反应性的各物理环境（例如，随着温度升高而导致的热膨胀）的条件下，NEP系统可在非核试验条件下（用电加热模拟）可实现大部分系统集成性能测试。因此，地面综合测试可以覆盖除反应堆分系统之外所有的分系统，通过电加热和环境模拟，不需要部署核加热装置或者完整的散热系统，可大大节省时间与项目成本。不过，完全消除核反应堆分系统和相关涉核组件带来的风险，需要在具有代表性的核环境中进行地面测试。

通过足够严格的M&S和地面测试，可以以飞行演示验证任务（例如第一次货运任务）代替地面进行全尺寸、全系统集成的地面测试。前提条件是NEP系统以及所有配套的仿真手段、地面测试条件能够充分表征NEP系统的在轨状态，并能够预测系统在全任务周期（地-火往返）的性能，以满足载人任务要求。

材料开发及表征、分系统性能等各种独立测试可能包括：

• **反应堆**。所需的测试范围包括：核燃料、燃料元件、堆芯材料、反应堆集成测试。在不掌握备选材料实测数据的条件下，首先在测试用的反应堆设施中进行材料和燃料元件测试，以表征在典型工况温度、辐射条件下的材料特性。随后，根据基本燃料和材料的测试结果，反应堆分系统将进行中子物理和热工水力协同建模。在合适的压力及热环境下，测试整个反应堆分系统，以确定额定或非额定条件下的功率和中子性能、可控性、可靠性和寿命。反应堆分系统的测试包括：零功率临界（Zero - Power Critical，ZPC）、低功率和全功率测试。在全功率测试中，通过集热器或者与热电转换分系统集成，将热量交换到外界热环境中。现有的测试用反应堆设施可以满足材料及其效应的测试要求。MWe级NEP系统的零功率临界测试可以通过现有设施或者进行相应的改造升级完成。现阶段尚不能确定开展全功率测试所需的试验环境是否满足。正如在第5章中所讨论的，目前正在开发的 MWe 级动力反应堆，如果在规定的时间内可完成，就可以支持 NEP 系统的反应堆分系统测试。

• **辐射屏蔽**。适用于 1～2 MWe（4～8 MWt）且符合 NEP 系统工作温度要求的反应堆辐射屏蔽分系统设计与材料测试都相对成熟。在之前许多空间核相关研究中所形成的研究成果，包括相关测试以及建模数据，可以很好地支持辐射屏蔽分系统的设计与测试。在地面环境，可以使用加速器产生所需要的中子和伽马辐射源，模拟核反应堆的辐射环境，完成屏蔽分系统设计的组件测试。通过这种方式，可以验证辐射屏蔽分系统的辐射屏蔽性能以及检验热管理系统。然而这样的地面试验方法无法验证空间辐射源对屏蔽体以及热管理系统的影响。辐射屏蔽测试可以与反应堆测试同时进行。

• **热电转换**。热电转换分系统的测试覆盖很大范围，从热交换器、发电机、轴承等组件的基本材料测试一直到热电转换分系统集成测试。在之前的研究中，类似的研究方法已经成功在低功率等级的布雷顿和斯特林中得到应用。测试需要模拟空间的低压或真空环境，同时模拟相关的热环境。在测试过程中，同时要对 PMAD 以及推力器负载进行模拟或者开展联合测试，以评估系统对所有可能的电力系统瞬变的响应，具体的测试界面划分方法与 PMAD 采用的设计方案有关。热电转换分系统可以在 NASA 格伦研究中心和 Plum Brook Station 进行电加热模拟的非核测试。

• **热排散**。热排散分系统的测试范围从最基础的热管材料，到特定热环境中的多个分系统集成测试。辐射散热板的测试要求由 NEP 系统的设计决定，在给定系统工作温度、系统热耗、热回路与热交换器传热能力的条件下，可计算得到辐射散热板的工作温度，该温度同样也是整个 NEP 系统的“热沉”温度。测试同时需要评估热排散分系统对于电离系统的瞬态响应，以应对例如反应堆启动、运行以及停堆期间可能的功率调整。考虑到热排散分系统实际的在轨面积，测试需要多个散热面板，以柔性热关节连接，全面验证在轨展开过程。尽管 NASA 与 DOE 有部分设施可开展上述测试的能力，但还不能确定已有的地面测试设备是否具备满足全尺寸的 NEP 热排散分系统测试的能力。

• **电源管理与配电**。为满足 NEP 系统中的高功率要求，需要广泛开展电气组件的测试，已验证其在目标环境中的性能与寿命，以及使用模拟热电转换与模拟电推进进行系统间联试的有效性。由于上述几个系统间都是电接口，因此大部分的测试可以通过模拟输入电源和模拟负载来完成，现阶段已经具备开展此类测试的硬件测试条件。如采用直接驱动的方法，热电转换分系统将直接与电推进分系统耦合，可参考在普罗米修斯项目中完成的低功率测试，但考虑功率水平的提升，需替换电推进分系统中的相应组件。为证明电源管理与配电系统的鲁棒性，测试将包括对反应堆启动、关闭、正常运行和故障场景的所有瞬态条件测试。此外还需要在典型的核辐射环境中验证该系统性能。

• **电推进**。测试涉及在电推进分系统寿命期内的推力器性能，以及在所有阶段演示 PPU、PMS 和推力器的集成测试，通过模拟辐射环境、电接口、热接口验证系统工作寿命。对于直接驱动系统，PPU 方案有所简化，但具体测试方法与前文相同。在前期 NASA 的 ASPS 开发计划中以及其他飞行任务中，已经获得了地面试验测试与在轨飞行测试等效性的经验。在地面，通过电模拟件模拟真实的 PMAD 装置特征的方法已经得到了验证。虽然 100 kWe 级的电推系统已经在实验室环境完成了诸多测试，但现阶段空间环境模拟测试设施可支持的最大测试功率仅限于 50 kWe，且环境模拟的有效性还存在很大的不确定性。为支持全尺寸电推力器的长寿命测试，以及支持多个推进器或阵列式推进器之间的相互作用测试，必须建立适用于 100 kWe 级的电推力器测试设施。

随着分系统各组件、元件技术的成熟，系统集成测试将分原理样机、工程样机、飞行鉴定件三个阶段开展。可能的测试方法为：采用两台空间环境模拟装置联试，在环境温度受控的条件下，一个空间环境模拟装置开展单个热电转换单元与缩比热排散分系统测试，通过 PMAD 系统与另一个模拟装置中的推力器进行系统联试。这种方法需要几台大型的真空室，因为 50～100 kWe 级的热电转换装置与推力器会产生大量的废热以及高温等离子体，超过单个真空室的热沉能力。为确保充分了解 NEP 系统的动态响应过程，测试应覆盖系统运行的所有阶段以及潜在的故障机制。还需要评估多推力器间的相互耦合作用，以确保在推力器点火、运行和关闭过程中，不会由于等离子体羽流间的相互影响而导致意外。

为了设计分系统同时定义分系统之间的接口关系、模拟飞行条件，NEP 系统测试工作需要大量的仿真建模工作配合完成。通过测试实际测量必要的数据，对建模与仿真过程中的物理模型进行修正或者验证。地面核设施的稳态和动态运行的建模技术相对成熟，但对 NEP 系统所需的材料以及方案设计，则必须通过初始燃料和材料试验来对已有的中子物理和热工水力模型进行修正。虽然在反应堆分系统中拟使用的部分材料已经建立了数据库，并描述其基本特征(辐照前后的数据对比)，但即使是已被收录的材料数据，也很可能不能全部覆盖 NEP 的各个工作条件。电推进分系统在地面测试与在轨测试间的差异，仍然被用于对仿真模型的有效性评估与模型更新，包括推力器性能与寿命。电推力器的性能与寿命模型将随着未来飞行任务的发展而不断扩充与完善。NASA 能源与推进飞行测试系统在推力器羽流测试中获得的额外数据、AEPS 推力器正在开展的寿命测试所获得的结果，都将为现有的推力器分析模型拓展到更高功率提供相应的数据支撑。

系统级建模的动态耦合性能以及贯穿所有分系统的瞬态特性，对于 NEP 仿真模型开发的可行性也至关重要。虽然这是地面电力系统的常规工作，但在空间运行的 NEP 系统将带来额外的挑战，需要在每个接口处对热、流体、电和中子的输入及输出进行定义，通过系统和分系统测试对全系统仿真模型提供数据支撑以及必要的改进完善。

无法用小规模的或者缩比演示验证代替地面全尺寸试验。利用早期低功率系统的飞行数据来判断功率高 1～2 个数量级的核动力系统的性能，会带来一系列问题，包括控制、热工水力、电气等系统之间相互作用的不确定性以及工程技术实施延误的可能性。所有分系统的 2～4 年长寿命演示验证要求，特指任务实施过程（含研制与在轨飞行）所需的时间，不包括其在地面或空间进行寿命试验的时间。

**结论：NEP 系统的建模与仿真、地面测试和飞行测试。**NEP 系统的小规模飞行测试无法解决与基线任务所要求的 NEP 系统相关的许多风险和潜在故障问题。通过充分的建模与仿真分析和地面测试，包括全尺寸与功率下的各分系统测试，首次载人火星任务之前的货运任务可以在不进行全系统集成地面测试的条件下，满足飞行任务实施要求。

**建议：NEP 系统的建模与仿真、地面测试和飞行测试。**为了满足基线任务要求的 NEP 系统能够顺利开发，NASA 应依靠：（1）在建模和仿真能力方面加大投资；（2）地面测试（含全尺寸和功率的分系统测试）；（3）利用前置性的货运任务作为首次载人任务的 NEP 系统的飞行鉴定手段。

## 3.6 技术发展与演示验证路线图

技术发展与演示验证路线图如图 3－7 所示。图中给出了执行基线任务所需达到的关键里程碑及相应时间：2033 年执行首次货运任务，2039 年发射载人火星任务。

为执行 2039 年首次载人火星基线任务以及前期的货运任务，部分设计方案、技术研究测试以及相应的演示验证项目需要在较短的时间内完成。在过去的十年中，由于对 NEP 系统开发缺乏支持，因此在设计方案、技术途径以及研制计划方面仍然存在很大的不确定性。首先要面对的设计选择是确定核燃料的浓缩水平（高浓缩铀 HEU 或是高富集度低浓缩铀 HALEU）和中子谱（快或慢）。在过去的研究中，NEP 系统与相关技术研究都围绕使用 HEU 展开，选择 HALEU 将带来必须解决的额外不确定性。其次，必须定义一个有限规模的集成任务、系统与体系架构作为牵引，指导部分 NEP 系统研究，作为技术开发和测试的基本输入。相关的研究工作必须聚焦于基线任务所需要的 NEP 飞行系统的关键技术问题与设计方案选择。迄今为止，NASA 相关的研究表明，NEP 系统在 4 年时间内，通过 1 200 K 反应堆、1 150 K 热电转换温度和 4% 的反应堆燃料燃烧率，可实现比质量为 20 kg/kWe，匹配直接驱动的霍尔推力器，可满足任务需要。但任务需求与技术能力还需要进一步深化论证，系统的各分系统以及组件对系统性能影响的敏感度、各关键的技术研究结果还需要进一步确认。

截至 2020 年年底，还没有开展过 NEP 组件、分系统或者系统级的研究工作。因此，到 2039 年具备在轨飞行条件，现阶段需显著加快组件级别的技术开发与相关测试，如图 3－7 所示。该路线图结合了反应堆燃料、结构材料的初始技术研究，以及前面章节所讨论的各个分系统设计与测试，并假设相应的建模与仿真技术可以并行推进，从物理原理层级到系统集成层级，解决系统复杂性。路线图还包括所有 NEP 分系统的寿命演示验证与性能测试时间节点。此外，本路线图以 2033 年发射前置的火星货运任务作为 NEP 系统的首次飞行任务，而非小规模的或者缩比的飞行验证。

NEP 系统地面测试项目需要对已有的测试设施能力进行全面的调查与评估，根据 NEP 分系统级与集成测试要求，进行相应的改造或者升级。测试过程与结果将用于建模与仿真工具的开发与验证，并相互迭代①。用于现阶段或者未来的地面核电站建模与仿真方法或许对空间核电源系统同样有用。在推力器寿命、地面试验数据与空

① J. E. Polk and J. R. Brophy, "Life Qualification of Hall Thrusters by Analysis and Test," Paper 00547, Paper presented at the Space Propulsion 2018 Conference, Seville, Spain, 2018.

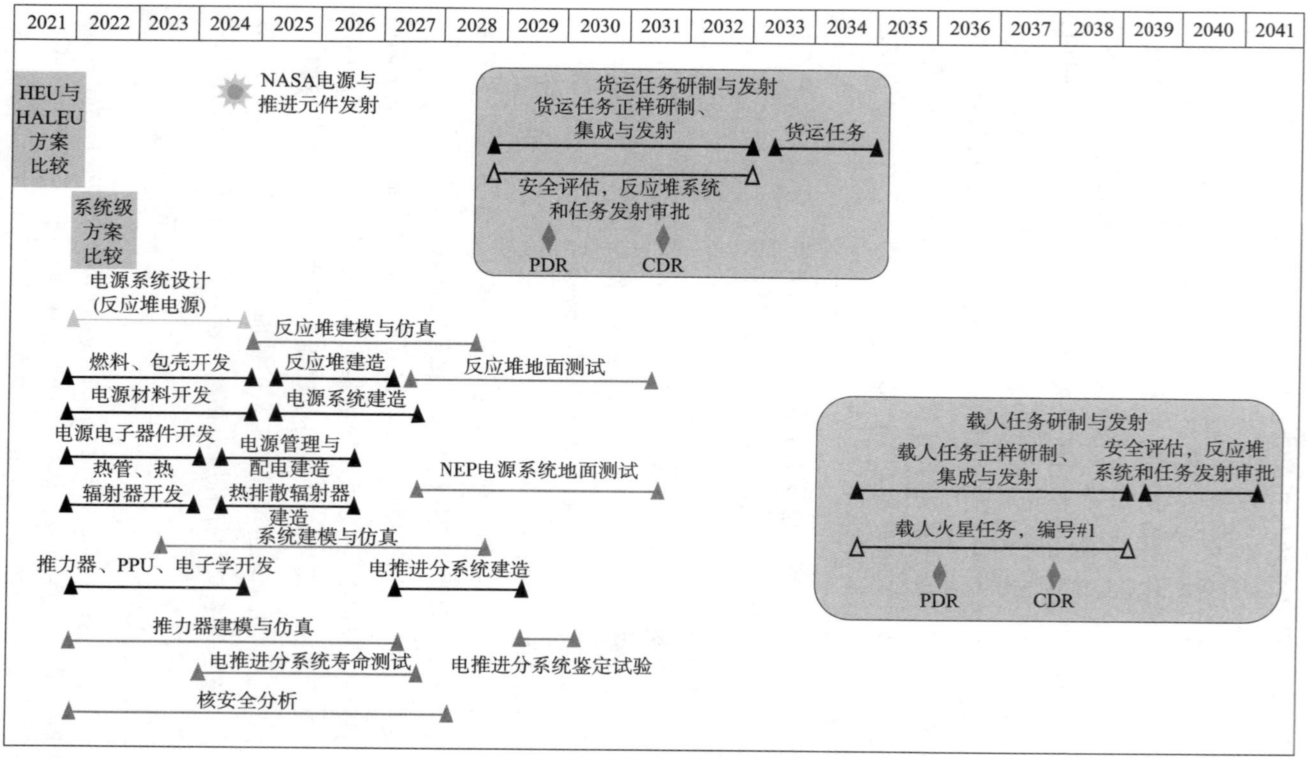


**图 3－7　核电推进系统技术发展路线图，任务基线：2039 年实施首次载人火星任务**

间运行数据的偏差等方面，可以借鉴 SEP 系统获得的经验。然而，对于当前系统功率水平与 MWe 级 NEP 系统之间存在的数量级的差异，地面测试系统仍将面临不小的挑战。

为了支持 NASA 的电源与推进元件项目在 2024 年的飞行演示验证，12.5 kWe 级的霍尔推力器测试已经稳定运行了数千小时，测试还在持续进行中①。该测试将为霍尔推力器地面测试数据与空间运行数据之间的相关性提供参考。此外，100 kWe 级的霍尔推力器已经经过数十小时的测试，不过推力器还没有通过飞行产品鉴定，所以这些测试结果如何转换为空间环境下的运行性能与寿命还存在很大的不确定性。大功率级别的测试主要在 NASA 的格伦研究中心进行②。因此，要在地面测试设施与建模仿真方法两方面同时开展工作，使电推进分系统的推力器能够在适当的地面模拟环境中实现 100 kWe 级测试，并且改进建模与仿真工具，使其支持 MWe 级的电推力器仿真分析。

以液氧（LOX）和液态甲烷为推进剂的化学推进系统与 NEP 系统并行开发。该化推系统同时计划用于现阶段计划的阿尔忒弥斯火星上升发动机。

**结论：**NEP **计划成功的可能性。**由于过去几十年的低强度投资或间歇性投资，即使是激进的计划，目前还不清楚即使是否能够确保在 2039 年开发出满足基线任务要求的 NEP 系统。

**建议：**NEP **系统的主要挑战。**NASA 应加强与核电推进系统相关的基础技术研发，在现有技术基础上，增加各分系统的运行功率，并以适合的基线任务推动 NEP 系统的集成。此外，NASA 应制定相

---

① J. Frieman, H. Kamhawi, P. Peterson, D. Herman, J. Gilland, and R. Hofer, Completion of the Long Duration Wear Test of the NASA HERMeS Hall Thruster, 2019, doi: 10.2514/6.2019-3895.

② J. Dankanich, M. Walker, M. Swiatek, and J. Yim, "Recommended Practice for Pressure Measurement and Calculation of Effective Pumping Speed in Electric Propulsion Testing," Journal of Propulsion and Power 33 (3): 668 - 680, 2016, doi: 10.2514/1.B35478.

应的验证计划，以证明：(1) NEP 集成系统在其全生命周期内的运行可靠性；(2) 研制与 NEP 系统兼容的大规模化学推进系统。

## 3.7 本章小结

在概念设计与分析层面，NEP 可以很好地满足基线任务需求，然而 2005 年以来，在核电推进系统方面的研发资金投入非常有限，导致在技术储备方面的进步非常有限，部分技术还没有布局，且工作侧重于 200 kWe 核电推进系统而非任务所需的 MWe 级。在保证系统比质量不变的条件下，基于现有 200 kWe 功率水平的技术基础向 1～2 MWe 扩展存在一定技术风险，进而导致在 2039 年载人火星任务的技术发展路线图上，本技术路径的可行性存在相当大的不确定性。特别是燃料系统结构的不确定性以及推力器需求的显著扩展，进而带来热管理、电功率管理的挑战。这种大规模系统的可靠性和寿命是需要重点关注的问题，缺乏任何实质性的系统集成测试将仍然是一个挑战。

近期急需开展若干项评估工作，主要包括 NEP 技术的现状、反应堆和大功率电推进分系统的地面测试设施能力。目前正在为地面核动力装置开发的先进反应堆测试设施，在多大程度上可以为 MWe 级 NEP 系统研发做出贡献，仍有待确定。

太阳能航天器功率水平的逐步提高促进了电推进技术的发展。现阶段有数百个 kWe 级的航天器在轨运行，2024 年将发射 40 kWe 的 SEP 系统，使用多台 13 kWe 电推力器。然而，在地面测试功率水平超过 50 kWe 的推力器，特别是其在空间环境下的性能和寿命，将挑战现有测试设施的能力。

**建议：**NEP **技术发展步伐。**如果计划将核电推进（NEP）技术应用于 2039 年载人火星基线任务的发射，NASA 应立即加快 NEP 技术研发的投入。

# 第 4 章　系统及程序（方案）问题

## 4.1 NTP 和 NEP 是不同的技术

核电推进（NEP）和核热推进（NTP）系统对于促进人类登陆火星、开展探索工作具有重要意义。相比于化学推进，二者均具有不可比拟的显著优势。然而，这两个系统有着截然不同的发展特点。在 Rover/NERVA 计划发展期间，进行了大量基于 NTP 反应堆的地面试验，使大功率 NTP 系统的开发与发展从中受益，NTP 系统要比 NEP 系统的反应堆运行温度高出约 1500K。目前，NASA、美国能源部（DOE）和美国国防部（DoD）联合支持实质性的 NTP 研发项目，即便如此，NTP 系统从未开展过在轨飞行。相比之下，先进的电推进分系统已经在飞行的航天器中展开常规应用。虽然其已经表现出长寿命和高可靠的特性，但是这种系统目前仅适用于太阳能供电模式，远低于 MWe 级电力系统功率水平的应用环境。在过去十年中，NEP 技术在满足基线任务所需的规模和功率水平之外，几乎没有进步。鉴于技术成熟度上的不平衡，很难进行这两种系统的对比对应比较。

NTP 系统和 NEP 系统（包括化学推进系统）由许多技术组成，包括以下技术：

- NTP 和 NEP 共有技术

➢核反应堆

➢屏蔽体

➢低温液体管理

- NTP 特有技术

➢涡轮机械、阀门、管路

➢喷管

➢液氢（$LH_2$）长期贮存技术

• NEP 特有技术

➢热电转换

➢热排散

➢电源管理与配电

➢电推进

➢化学推进（用于载人火星探索任务）

➢液氧（LOX）–甲烷长期贮存

对于那些可以同时用于 NEP 系统和 NTP 系统的技术，也因为运行温度、工作寿命、启动方式以及与其他系统元件集成要求存在差异，使得这些共有技术在两种体系下的工程挑战也完全不相同。例如，虽然这两个概念系统都使用核反应堆，但如表 1–3 所示，NTP 反应堆的运行要求和设计规范与 NEP 反应堆的运行要求和设计规范完全不同。因此，就需要不同的方法来满足不同的安全保障需求（见下文对安全保障的讨论）。与之类似，两种系统对推进剂贮存温度要求的差异也很大：$LH_2$（NTP）贮存温度为 20 K，LOX（NEP）贮存温度为 110 K，液态甲烷（NEP）贮存温度为 90 K，氙（NEP）的超临界贮存。在推进剂质量方面，NTP 系统将远远超过 NEP 系统，当然后者另需要相当大质量的化学推进剂保障其化学推进系统的运行工作。系统复杂性是另一个要考虑的因素，NTP 系统需要集成的分系统数量较少，而 NEP 系统的特征使其初始分系统能够分开独立进行地面试验。

鉴于上述情况，为了满足基线任务需求，开展有意义和客观的方案权衡比较研究将需要具备上述所有技术的专业知识储备，这些技术适用于不同比例的 NTP 和 NEP 系统。

**结论：对应比较研究。**近期，于载人火星探索任务（尤其是基线任务）的 NEP 和 NTP 系统，相关的对应比较研究还没有开展。

**建议：权衡研究。**为了便于考察 NEP 和 NTP 两种系统对于 2039 年基线发射任务需求的满足能力，NASA 应制定一致的指标参数和技术要求。

## 4.2 NTP 和 NEP 系统的共同发展

尽管 NEP 和 NTP 系统和分系统之间存在诸多差异，但仍存在一些协同的技术领域，包括：

• *核反应堆燃料*。正在进行开发的先进燃料，如 TRISO 粒子和高富集度低浓缩铀（HALEU），可能都会适用于 NTP 和 NEP 反应堆。

• *材料*。高温材料在反应堆设计的许多方面都发挥着重要作用，而且这类材料的发展通常也与应用无关。NTP 和 NEP 系统的反应堆在运行温度、接口要求和运行因素方面截然不同。即便如此，两种系统普遍都需要耐高温的材料，适用于 NTP 系统的材料有可能对 NEP 系统也有用（反过来不一定成立）。这包括多种应用场景下对高温材料的通用性需求，这些场景包括燃料、包壳、金属陶瓷和 cercer 形式的燃料基质材料、慢化剂（如果慢化剂包含在反应堆设计中）、反射器和用于反应堆控制和临界的中子吸收剂等。第二类常见的材料需求是耐高温、抗辐照的传感器和电子设备，这是两种系统在确保可控性、安全性、可靠性和使用寿命上所必需的。

• *其他反应堆技术*。NTP 和 NEP 系统的反应堆设计采用通用组件，例如辐射屏蔽、控制鼓或控制棒的执行器及相关仪器设备。尽管最终的使用操作条件不同，具体的设计因此有所差异，但是这些技术的设计原则和材料使用在核热或者核电系统中是通用的。

• *低温流体管理技术*。为 $LH_2$ 长期贮存（最具有挑战性）开发的技术也可能适用于 LOX 和液态甲烷的长期贮存。

• *建模和仿真（M&S）*。经过验证的建模和仿真工具显著减少了 NTP 设计过程中昂贵的物理试验的次数，并且加快了部件和组件级装置的鉴定计划。反应堆堆芯中子建模、流体流经反应堆冷却剂通道建模以及模拟启动和其他瞬态建模的动力学程序具有一些共同的原理和特点。检查建模仿真工具是否足以准确捕获 NTP 系统设计过程中的快速动态响应是十分必要的。鉴于计算机能力的指数增长和多物理场流体动力学建模的快速进展，动力系统中热流和流体及流体结构内部相互作用的高度耦合模拟成为可能（包括流体结构内部相互作用的考虑）。这种综合模拟仿真有助于深入了解部件之间的交互作用以及瞬态特征和反馈机制。

• *试验*。尽管两种系统的燃料温度要求不同，NTP 和 NEP 系统在燃料和材料的独立测试（包括试样和燃料元件测试），以及一些反应堆分系统测试方面仍具有相当的共性。然而，对于需考虑发动机排出废气回收的 500 MWt NTP 反应堆分系统的地面试验设施，要比 3～10 MWt 封闭式 NEP 系统的反应堆相关设施规模大得多。

• *安全保障*。对于运维人员、公众及地球环境来说，核能源系统的安全保障至关重要。安全保障政策和实施是由 NASA、美国能源部（DOE）机构主导进行，或者是为上述机构提供核安全服务的其他致力于核安全的联邦机构开展。核安全通常由系统设计与操作规范相互结合的方式来实现。例如，这类安全措施包括：1）发射任务中的反应堆启堆运行之前，均采用全新的燃料组件，以确保发射时核堆放射性剂量保持在最低的水平①；2）具备高安全性和高可靠性的核堆在空间运行系统的同时，通过建立足够的屏蔽措施保证航天员及航天器上敏感器件的安全性；3）在航天器进入安全轨道之前，限制核反应堆在太空中的启动和运行，以确保地球人口和环境的安全；4）在发射任务失败的情况下，依然能够确保反应堆在安全状态中。同时还需要制定额外的政策法规，禁止已经长期运行的核动力航天器再入返回。不论对于 NEP 或是 NTP 系统，基线任务采用的核安全分析和发射批准程序是相类似的。相关的安全功能设计

① NTP 或 NEP 反应堆只有在通电运行一段时间后才能产生一定量的裂变产物。

和安全运行标准已经确定并应用于早先的美国空间反应堆之中[①,②]。从这些任务中吸取的经验教训对于确保 NTP 和 NEP 系统的安全运行至关重要[③-⑤]。

• *监管批准*。2019 年 8 月发布的总统备忘录 NSPM－20 里，提供了有关空间核动力系统发射任务批准程序的最新指导意见。该备忘录旨在解决发射或再入事故中潜在的意外临界状态等空间核安全问题[⑥]。NSPM－20 还指示 NASA 为核裂变反应堆的空间安全运行制定相关标准和指南。这些指南应当适用于 NEP 或者 NTP 系统。如果 NEP 及 NTP 系统使用高富集度低浓缩铀（HALEU）燃料，则面临相同的监管问题。NEP 和 NTP 系统在发射前的建设、运输过程也将面临相同的监管要求。

**结论：NEP 和 NTP 的共性。**在核反应堆燃料、材料和其他反应堆技术等领域，以及低温流体管理、建模和仿真、试验、安全保障、监管批准等方面，尽管 NEP 和 NTP 系统的要求不同，但均需要极高的成熟度。鉴于这些共有的特点，上述技术领域的一些开发工作可以不依赖于空间核推进系统的模式独立发展。

---

① A. C. Marshall, et al., "Nuclear Safety Policy Working Group Recommendations on Nuclear Propulsion Safety for the Space Exploration Initiative," NASA Technical Memorandum 105705, Final Report of the Joint NASA/DOE/DoD Nuclear Safety Policy Working Group, National Aeronautics and Space Administration, April 1993.

② J. A. Sholtis, Jr., "Proposed Safety Functional Guidelines for Space Reactors," Proceedings of the ANS Embedded Topical Meeting－Space Nuclear Conference 2005, LaGrange Park, IL, June 2005.

③ J. A. Sholtis, Jr., et al., "U. S. Space Nuclear Safety: Past, Present, and Future," pp. 269－303 in A Critical Review of Space Nuclear Power and Propulsion 1984－1993, American Institute of Physics Publishing, New York, NY, 1994.

④ Johns Hopkins University－Applied Physics Laboratory, Nuclear Power Assessment Study－Final Report, TSSD－23122, Chapter 4, 2015.

⑤ A. C. Marshall, F. E. Haskin, and V. A. Usov, Space Nuclear Safety, Krieger Publishing Company, Malabar, FL, 2008.

⑥ Y. Chang, "Considerations for Implementing Presidential Memorandum－20 Guidelines for Nuclear Safety Launch Authorization for Future Civil Space Missions," Nuclear Technology, 207 (6): 844－850 2021, doi: 10.1080/00295450.2020.1855946.

## 4.3 高浓缩铀 vs. 高富集度低浓缩铀

高浓缩铀 HEU（本文中是指浓缩度大于 90%的铀）① 和高富集度低浓缩铀 HALEU（浓缩度小于 20%）两种燃料的选择，影响的不仅仅是方案可行性和系统性能。对于 NTP 或 NEP 系统而言，目前还没有针对两种燃料类型，开展全面的对比工作（区别于 HALEU 核堆系统独立的可行性评估）。对 HEU 和 HALEU 两种核堆系统进行比较评估时主要包括如下关键因素：

• *技术可行性和难度*。不论是在 NTP 系统或者 NEP 系统方面，均没有建造、测试或试飞过 HALEU 反应堆，也没有这类堆型在 NTP 方面的测试数据和基准模型或者仿真模型。相比之下，人们已经建造了 HEU NTP 反应堆，并开展了试验，并采用之前的 M&S 模型进行了基准仿真。NTP 系统从技术可行性及难度上讲更加偏好 HEU 的堆型，但在这一点上 NEP 系统并没有明显的燃料堆型偏好。

• *性能*。核燃料浓缩会影响系统的性能。例如 NTP 和 NEP 系统（包括辐射屏蔽）的相对质量和尺寸是燃料浓缩度、反应堆功率水平、中子能谱（包括快、慢中子）等参数的函数。Rover/NERVA 项目的数据提供了 HEU NTP 反应堆的运行性能。但是不论是 NTP 或是 NEP，HALEU 反应堆都没有相关运行数据等的记录。因此从性能角度出发，两种程度浓缩铀反应堆并无明显的优劣之分。

• *扩散和安保*。HEU 燃料由于使用便利，可转用于生产核武器，相比 HALEU 是高价值的目标，特别是在发射时以及远离发射场的再入事故期间。因此，防止核扩散专家认为使用高浓缩铀需要更多地考虑安全问题。此外，如果美国在空间反应堆中采用 HEU 原料，那么想说服其他国家减少 HEU 在民用领域的使用就会变得

① HEU 指的是浓缩到至少含有 20%U－235 的铀。用于空间核推进和发电系统的 HEU 燃料可能会将 U－235 浓度浓缩至 90%以上。

更加困难。核扩散相关的担忧还会影响其他因素，包括成本、时间表、商业航天参与反应堆的开发能力，甚至影响政界愿意在多大程度上支持项目获得发射的批准。扩散和安保的顾虑有利于 HALEU 原料的应用。

• *安全*。燃料浓缩度的选择，不仅与反应堆的中子能谱有关，同时还会影响空间堆的设计方法，以及防止其在发射阶段、再入事故期间意外发生的难易程度。即使不会发生对公众的放射性灾难，不同浓度的方案依然可能需要不同的应急计划、事故响应和救援方案。安全考量与设计息息相关，但其并不明显偏向于某一种浓缩水平。

• *燃料的可获得性*。从美国能源部（DOE）国家核安全管理局的库存中获得 HEU 或许是一种可行的途径。生产 HALEU 要么需要降低库存 HEU 浓度（核安全管理局库存），要么需要生产浓缩低浓度铀，而后者需要新建基础设施。目前，DOE 正在调查 HALEU 的生产，以支持近期地面核反应堆的需求，但对 HEU 的长期可获得性表示担忧。总体而言，燃料可获得性方面的考虑并没有明显偏向于何种浓缩水平。

• *成本*。HEU 和 HALEU 的反应堆系统成本因防护措施、物理安全、设施、燃料采购和制造及系统开发等因素而异。从发射批准的角度来看，HEU 反应堆系统需要总统批准。虽然这可能会影响任务进度，但它对成本的影响不显著，因为发射批准的成本可能由安全分析主导，这对于 HEU 和 HALEU 系统来说是相似的。因此，成本方面的考虑并不明显有利于任意一种浓缩度的燃料。

• *计划进度*。使用不同级别的浓缩铀会影响整体设计、研制、试验和发射准备计划的进度表。由于不同的安全要求，HEU 系统试验设施可能的位置也许会受到更多限制，导致计划进度被迫延长，但 HEU 反应堆却有大量的历史数据。因此计划进度方面的考虑也并不明显有利于某一种浓缩度的燃料。

• *供应链*。HEU 的使用将限制能够参与系统开发和制造的私营机构的数量。HEU 仅允许少数拥有 HEU 操作许可证的私营公司参与 DOE 实验室的合作开发。而对于 HALEU 的使用，则可以允许更多的私营公司参与，并促使多种公私伙伴关系的建立。从供应链角度的考虑是有利于 HALEU 的使用。

虽然上述每个判断准则都有一定的明确性，但这些准则的重要性并不相同。性能、安保和安全等问题要比供应链相关问题重要得多。在确定使用某种燃料浓缩度之前，这些权重是必须考虑的。

**结论：核燃料浓缩度。**目前还没有对 NTP 和 NEP 系统采用 HALEU 或者 HEU 进行综合的权重评估。这些权重因子包括适用于基线任务技术的可行性、难度、性能、核扩散和安保、安全、燃料可获得性、成本、计划进度和供应链等。

**建议：核燃料浓缩度。**短期内，NASA 和 DOE 应该组织包括商业界和学术界在内的主要利益相关者，针对适用于基线任务的 NTP 和 NEP 系统采用 HEU 和 HALEU 燃料的优点和挑战进行全面评估。

## 4.4 工业基础

越来越多的私营公司正在开发空间核系统的系统方案。这些方案包括轨道机动、深空探索和行星表面发电的应用。

没有任何一个实体（公共或私人实体）具备开发空间核推进系统所需的所有专业技术或设施。正如最近航天发射倡议所证明的那样，NASA 可以利用私营部门的专业知识、兴趣和投资，并借助 DOE 和 NASA 的设施，来刺激必要的技术发展。

一些发动机制造商和发射服务供应商已开发或正在开发用于空间推进的 LOX/$LH_2$发动机。非核发动机所需的许多部件都继承自这些开发或验证，但若要将这些系统应用于 NEP 或 NTP 系统，还需要额外的投资才能实现。

低温流体管理对 NEP/化学推进和 NTP 系统都至关重要，其主要由政府主导进行开发。私营机构已经是燃料箱和压力容器的制造商，但对于长达数年低温储氢（NTP 所必需的技术）的技术挑战则需要政府主导开展系统的设计、制造和试验，并进行持续投资。

仅有很少的私营实体具备开发核反应堆燃料、堆芯、屏蔽体和控制系统的能力。尽管如此，有几家机构正在投资这些能力，预计他们将直接开展空间核推进系统的设计、制造和组装。

如果要想加快发展空间核系统，缩短技术开发时间表，则首先需要解决此系统所面临的劳动力短缺问题。一项重大的空间核电开发工作将得益于加强科学、技术、工程和数学等相关方面的教育培训，特别是核工程。目前教育培训面临以下三个主要挑战：

（1）相关领域缺乏性别和种族的多样性。

（2）非航天科技领域与航天领域争夺人才，尤其是在信息技术领域方面。

（3）出口管制法规和某些研究及技术的机密性质使非美国公民无法参与，从而限制了人才的规模和质量。

## 4.5 空间核动力系统发展的历史经验

自 1961 年以来，美国发射了 8 类 47 套放射性空间同位素核动力系统，支持了包括通信、导航、气象、空间科学卫星以及行星着陆器和漫游车等 30 个航天器的运行。相比之下，美国仅发射了一个带有核裂变反应堆系统的航天器——1965 年发射的 500 We SNAP-10A 反应堆动力系统，用于验证 NEP 系统方案。与此同时还启动了至少十几种其他类型空间应用的反应堆裂变系统。虽然这些反应堆裂变系统研发计划最终都没有获得发射使用，但从这些工作中得到的经验对未来发展空间核动力具有很大价值。

• *需求必须令人信服*。相比常规推进技术，空间核动力推进系统的开发和试验既昂贵又耗时。人类伟大的无人和载人空间探索计划在没有空间核动力推进系统的情况下取得了成功。空间核动力推进系统仅在对国家特别重要的任务提供支持或大幅增强和提高效能时，才有开发和部署的可能。

• *任务和产品定位至关重要*。一旦确定空间核推进系统的需求明确，具有明确的客户、充足的资金、确切的要求和稳固的任务周期的特定任务才能真正促使空间核推进系统在可控成本内保质保量交付使用。任务牵引也确保技术发展聚焦关键的需求。

• *在任务早期限制技术风险的影响*。必须尽早完成对最高风险技术领域的识别，并需要明确有待成熟的技术选择。项目必须考虑现有技术和新兴技术选项的优劣、技术路线多方案选择、研制进度和成本风险。在研制过程中，最大限度地覆盖系统级和单机级的生产和试验至关重要，由此获得关键环节的验证数据（即测即飞，即飞即测）。一旦完成验证，系统性能、可靠性/寿命和更大范围任务的扩展性则只需要增加试验量，完成增强功能的验证。

## 4.6 关键技术风险

正如第 2 章和第 3 章所述，目前仍难以预测是否能够具备空间核推进系统完整研制能力，以支持 2033 年开展火星货运任务，并执行 2039 年基线任务。目前 NTP 研制的不确定性要低于 NEP。如表 4 -1 所示，每种系统都有个别显著风险。研发 NTP 系统的典型挑战是，推进剂在每次燃烧过程中，在反应堆出口处需被加热至大约2 700 K。而 NEP 系统研发的重大挑战是需要扩大每个分系统的运行能力，并将其整合为适合基线任务的集成系统。

**表 4 - 1　为基线任务开发核热推进（NTP）和核电推进（NEP）系统的主要挑战**

| 种类 | 核热推进(NTP) | 核电推进(NEP) |
|---|---|---|
| 反应堆堆芯燃料和材料 | • 反应堆燃料运行温度高(超过 2 700 K) | |

续表

| 种类 | 核热推进(NTP) | 核电推进(NEP) |
|---|---|---|
| 系统运行参数 | • 系统快速启动至全工作温度(最好在 1 min 或更短时间内) | • 长期的系统运行可靠性(发电 4 年,1 至 2 年用于推进) |
| 规格 | | • 迄今为止进行的热电转换和热管理系统试验的功率水平比基线任务所需的功率水平低几个数量级<br>• 有限的全尺寸、短时电力推进分系统试验,其功率水平比基线任务所需的功率水平低一个数量级 |
| 地面试验 | • 需要捕获和处理发动机排气(导致成本高)<br>• 设施准备时间(压力基线时间表)<br>• 几乎没有集成系统试验经验<br>• 最近一次相关的缩比试验都是在近 50 年前进行的 | 没有全集成的系统试验经验 |
| 太空推进技术的需求 | • 液态氢在 20 K 的空间中长期贮存,损耗最小 | • 化学推进系统的并行开发 |
| 系统复杂程度 | | • 高度复杂:6 个 NEP 分系统和 1 个化学推进系统 |

## 4.7 系统计划

第 2.6 节和第 3.6 节的路线图明确了执行 2039 年载人火星基线任务的关键里程碑节点，在此之前从 2033 年开始进行货运任务。这些路线图基于 NASA 从 2021 年（距离第一批航天员出发 18 年，距离第一批全尺寸货运飞行验证 12 年）就开始积极开展必要技术的研发和决策计划，并集中加速完成必要技术使其达到任务所需的成熟度。先前的水星、双子座和阿波罗计划在缺乏技术基础的条件下展现出了 NASA 对任务整体任务的平衡能力（例如，水星计划于 1958

年 10 月宣布实施，31 个月后首次成功进行载人飞行；阿波罗计划于 1961 年宣布实施，8 年后实现首次载人登月，这其中还包括从发生三名航天员死亡的重大失败中完成计划恢复）。国际空间站还提供了另一个参考案例（从 1984 年提出了“自由”号计划，到 16 年后第一批航天员入驻）。委员会认为，如果联邦政府积极投资空间核推进技术，是有足够的时间实现基线任务的。此外如图 1-2 所示，基于 2039 年基线任务设计的空间核推进系统，在 17 年的会合周期中，10 次地火转移机会中有 9 次与该推进系统的能力范围相匹配。因此，2042、2045 和 2047 年的后续潜在窗口也为所选路径提供了任务适应性和时间缓冲。

# 第 5 章　任务中的应用

如果成功开发了核电推进（NEP）或核热推进（NTP）系统用于载人火星任务，其同样可支持其他的空间任务。美国能源部（DOE）和美国国防部（DoD）双方均在致力于开发地面应用的小型核裂变系统。这些计划将有望先于火星基线任务进行，如果做协同规划，可能会带来空间核推进技术的进步。本章总结了这些任务之间潜在的协同效应，并展望未来的发展计划。

## 5.1 科学任务

几十年来，人们一再考虑将 NEP 用于火星、土星、海王星和冥王星的无人探索任务，以及一系列的样本返回任务。除了推力之外，NEP 系统可以潜在地提供非凡的动力给科学仪器。功率水平通常在 100 kWe 级[①]。若采用一个 200 kWe 的 NEP 系统提供动力，原有的木星冰卫星轨道器任务将可以访问三个木星卫星。最近，功率水平为 1～8 kWe 的 NEP 系统已准备用于地外天体任务[②]。此前 NTP 系统和 MWe 级 NEP 系统很少被用于此类任务，主要由于以下原因：系统的总成本和质量很大，导致无法在单个运载火箭上发射这些系统，转运时间限制严重，以及希望避免在太空中组装科学任务。

从地球上向距离地球 100～1 000 个天文单位的目的地发射航天

① National Research Council，Priorities in Space Science Enabled by Nuclear Power and Propulsion，The National Academies Press，Washington，DC，2006.

② M. A. Gibson，S. R. Oleson，D. I. Poston，and P. McClure，NASA's Kilopower Reactor Development and the Path to Higher Power Missions，NASA/TM－2017－219467，2017，https：//ieeexplore. ieee. org/document/7943946.

器通常会考虑选择 NEP 系统或者更先进的推进概念。为基线火星任务开发的 NEP 系统将为开发用于星际任务的 NEP 系统提供一个起点。相比火星基线任务，星际任务需要在更小的比质量（以 kg/kWe 为单位）下提供更高的比冲（$I_{sp}$）①。NTP 系统的较低 $I_{sp}$ 使它们不太适合太阳系以外的任务②。

## 5.2 高性能空间核推进系统的潜力

2040 年以后，NTP 和 NEP 都有可能提供超出基线任务需求的更高性能。对于 NTP，将 $I_{sp}$ 从 900 s 增加到 1 000 s，需要推进剂温度在反应堆出口处大约为 3 100 K。从根本上说，这一挑战源于热推进剂的加速过程，因为 $I_{sp}$ 与反应堆温度的平方根成正比。温度升高 400 K 将显著增加材料和燃料形式、地面试验以及航天器的负担。

相比之下，NEP 为未来更高性能的系统提供了几种不同的方法。首先，一个放大的、使用现有技术的电力系统将在不增加反应堆温度的情况下产生更多的动力。其次，可以开发出具有较低比质量的先进热电转换分系统，从而将减少整个 NEP 系统的比质量。第三种方法，使用更高 $I_{sp}$ 的电推进分系统以及相同的功率和散热系统，可以实现高总速度增量（$\Delta V$）任务，尽管这样的系统只具有较低的加速度水平（除非功率增加）。最后，开发一种能够在 1 500 K 温度下工作，又不需要显著增加支撑系统质量的系统，也会降低系统的比质量。综上，即使 NTP 和 NEP 没有被选为第一次人类火星探索任务的推进系统，为了最大程度地利用其潜力，对二者的持续研究和技术开发也是必要的。

① K. T. Nock, "TAU - A Mission to a Thousand Astronomical Units," AIAA - 87 - 1049, 19th AIAA/DGLR/JSASS International Electric Propulsion Conference, Colorado Springs, May 11 - 13, 1987.

② J. R. Powell, J. Paniagua, G. Maise, H. Ludewig, and M. Todosow, "High performance nuclear thermal propulsion system for near term exploration missions to 100 A. U. and beyond," Acta Astronautica, 44 (2 - 4): 159 - 166, 1999.

## 5.3 NEP 反应堆的地外天体表面能源利用

核裂变动力已被确定为月球和载人火星登陆项目的优先技术①。NEP 系统的反应堆和热电转换分系统的开发有机会对表面能源系统的发展有所贡献，反之亦然，特别是如果 MWe 级 NEP 系统功率大大超过了表面能源系统的功率需求。即便如此，由操作环境带来的关键指标变化，例如重力效应，潜在腐蚀性大气的存在或尘埃层（在火星上）对反应堆、堆芯冷却和热管理系统提出了不同的设计要求。同理，对辐射屏蔽也会有不同的设计要求。NEP 系统使用阴影屏蔽技术只减少了航天器上设备和人员所在锥形区域内的辐射。行星反应堆的屏蔽体则需要减少各个方向的辐射，尽管它可以被掩埋在地下，借助风化层提供一些所需的屏蔽。用于行星表面应用的热管理系统需要考虑重力对冷却剂流动的影响和行星表面的存在，而不是只片面考虑空间辐射散热。

Kilopower 系统的输出功率为 7～10 kWe，预计适用于航天员生命维持，其多单元系统被用于初始月球基地的原位资源利用项目（ISRU）。研究估计增强 ISRU 生产预计功率需要达到 40～125 kWe 的水平。月球基地的潜在长期运行可能会推动功率需求达到 100 kWe，此时降额 NEP 反应堆和/或电力系统可能会更具优势。

在规划 Kilopower 项目时，还评估了火星 ISRU 的功率需求。早期的 ISRU 功率水平估值为 40 kWe，可由四个 10 kWe Kilopower 机组提供。更大的基地则需要 150 kWe 左右的功率水平，功率水平类似于更长期的月球项目。

① 核裂变表面能源系统尚未被确定为 NASA 科学任务的优先事项。

## 5.4 与国家安全任务的协同作用

空间核推进和动力系统有可能为美国提供军事优势。国防部（DoD）和其他美国国家安全相关的联邦机构历来对核动力和空间推进很感兴趣。NTP 或 NEP 的使用取决于任务的特点。NTP 系统可以为国防部提供在地月空间的快速响应能力，以应对空间对抗和反卫星关键时间尺度上的威胁。这两个系统之间的主要区别在于航天器是否需要快速移动（这将需要 NTP 系统）或者它是否可以保持准静止或缓慢加速（与 NEP 系统兼容）。此外，NEP 系统可能提供 MWe 级的功率用于航天器的电力传输、远距离通信、远距离遥感。

美国国防高级研究计划局（DARPA）目前有一个名为 DRACO（Demonstration Rocket for Agile Cislunar Operations）的 NTP 计划[①]。NASA 可以从 DRACO 的飞行演示经验中受益（目前计划在 2025 年末进行），并且可以与 DARPA 合作开发有助于满足两个机构任务需求的技术和分系统。

美国太空资产面临的威胁正在增加。其中包括反卫星武器和空间对抗活动[②,③]。为应对这些威胁，以合理尺寸的航天器快速穿越广阔的太空需要一个具有高 $I_{sp}$ 和推力的推进系统。这在快节奏的军事冲突中尤其重要。对于高 $\Delta V$ 的任务，质量和体积适合单个运载火箭的 NTP 系统将是理想的，相反采用传统空间化学推进系统可能会大得令人望而却步。这就是为 DRACO 项目选择 NTP 系统背后的根

---

① DARPA，"Demonstration Rocket for Agile Cislunar Operations（DRACO），" https：//www. darpa. mil/program/demonstration - rocket - foragile - cislunar - operations，accessed May 22，2021.

② U. S. - China Economic and Security Review Commission，2019 Report to Congress of the U. S. - China Economic and Security Review Commission，November 2019.

③ U. S. - China Economic and Security Review Commission，"Hearing on China in Space：A Strategic Competition?，" statement of N. Goswami，April 25，2019，p. 82.

本原因[①]。

一些适用于 NTP 以及 DRACO 系统开发建设的技术和方法可以为 NASA 开发用于火星基线任务的 NTP 系统提供参考，尽管两个系统在规模上存在差异。共同的相关领域包括：1）关于可以在 NTP 环境中存活的材料（例如反应堆燃料和慢化剂）的开发和试验的基本问题；2）推进与 NTP 相关的建模和仿真能力，例如动态的、与时间相关的反应堆状态预测。除此之外，NASA NTP 系统也可使用按比例放大的 DoD 反应堆型号，具体取决于设计。NASA 可以通过与美国 DoD 的合作计划系统性受益，该计划以美国国家安全为目标，确定了使用美国国家资产的优先级。

## 5.5 与地面核系统的协同作用

数十家公司目前正在为各种应用寻求先进的反应堆设计。其中部分公司致力于开发数百 kWe 到几 MWe 的地面微型反应堆，用于商业和军事应用。因此，他们重点研究的 NEP 系统规模与基线任务使用的规模相同。

在美国能源部、国防部和私营企业的资助下，地面微型反应堆的开发商专注于类似的 NEP 系统的概念，例如工厂组装和核燃料加装、易于运输、自主或半自主运行系统以及无须燃料补加和最少维护的长寿命运行系统（例如，维持大约 5～10 年）。尽管地面系统力求采用常规方式运输（卡车、铁路、船舶、飞机），相对于应用在空间的系统，它们的质量和体积限制并不严格。此外，尽管总体设计上希望在整个燃料循环周期内无须干预即可运行，一旦传感器发生故障或设备发生故障，这些系统将可以进行维护。

预计在 21 世纪 20 年代中期我们可以期待第一个地面微型反应

---

① DARPA,"Broad Agency Announcement, Demonstration Rocket for Agile Cislunar Operations," HR001120S0031, June 29, 2020.

堆的实际演示验证，演示验证提供的有关燃料和材料设计的运行数据将可以支持相关项目验证，这也同时适用于 NEP 系统设计，且部分适用于 NTP 设计。这些演示验证将得到美国能源部核能办公室（DOE－NE）下属先进反应堆演示项目（ARDP），以及美国能源部国家反应堆创新中心（NRIC）和 DoD Pele 计划的支持①。演示验证获得的操作数据可以支持系统完整性和可靠性评估，从而降低地面和空间推进系统共同领域的任务成功风险，以及为获得发射批准提供数据。有大量私人投资，要么通过公私伙伴关系，要么通过完全私人投资，用于发展上述的一些系统。

正如各种历史上的 NEP 项目已评估的那样，微型反应堆设计概念包括热管、气体和液态金属冷却；气冷设计可能与 NTP 设计有一些相似之处，尽管在操作方法上存在显著差异。正在考虑用于地面和空间系统的核燃料形式也有很多相似之处，包括高富集度低浓缩铀（HALEU；例如，二氧化铀和氮化铀）和 TRISO。因此，NASA 计划也许能够综合考虑燃料、部件制造和测试设施，以及由此产生的性能测量、性能表征和测试数据，加速推动空间任务的开发路线图。

许多先进的反应堆设计都考虑利用慢化剂以允许使用 HALEU 燃料。正在被开发的此类慢化剂（包括氢化钇）已被用于 DOE－NE 的微型反应堆的项目。这些项目可以支持包含调节器模块的 NEP 或 NTP 的设计需求，但可能额外需要在更高温度环境下进行测试，以确保数据涵盖 NEP 或 NTP 应用场景。

地面和空间应用中的制造和组装方法可能也有一些相似的概念。最近建立的 DOE－NE 转型挑战反应堆和先进制造计划正在寻求推

① 有关这些计划的更多信息，请访问以下网站：先进反应堆示范计划（ARDP），https：//www.energy.gov/ne/nuclear－reactor－technologies/advanced－reactor－demonstration－program；国家反应堆创新中心（NRIC），https：//inl.gov/nric/；国防部贝利（DoD Pele），https：//www.defense.gov/Newsroom/Releases/Release/Article/2105863/dod－awards－contracts－for－development－of－a－mobile－microreactor/.

进核部件制造技术水平的提升。这些计划将扩展和验证核设备、部件以及核工厂的组装和生产。类似的方法可能有助于空间核系统的研究，可作为降低成本、提高可靠性并建立安全的供应链的手段。相关的制造经验、机械测试数据和材料特性数据（辐照前和辐照后）能够为先进的核系统制造提供支持，从而推进载人任务的发射批准流程。相比 NEP 系统，由于地面的工作温度预计更低，工作寿命更长，因此这些组件的测试数据可能需要扩展。

一些微型反应堆和 NEP 设计依赖于先进的布雷顿热电转换系统，包括用于发电的超临界二氧化碳和氦气工作流体设计，为将从地面系统中获得的经验教训应用于开发货运和载人任务的 NEP 系统提供了可能。

**结论：与地面和国防核系统的协同作用。**与 NEP 反应堆相当的功率水平运行的地面微型反应堆，比当前的空间核推进系统计划的研制和验证进度要快。微型反应堆的发展可以提供与 NEP 系统开发相关的技术进步和经验教训。同样，DARPA DRACO 计划的技术进步可能有助于用于基线任务的 NTP 系统的发展。

**建议：与地面和国防核系统的协同作用。**NASA 应该寻求与美国能源部和美国国防部在地面微型反应堆计划和国防高级研究计划局（DARPA）DRACO 计划方面的合作机会，以确定与 NASA 空间核推进项目的协同。

# 附录 A　任务说明和附加指南

## 任务说明

美国国家科学院、工程院和医学院将召集一个专门委员会，以确定、开发和展示未来探索任务所关注的空间核推进技术的主要技术挑战与方案挑战、优点和风险。核推进已被证明可以提供不到 9 个月的短期载人火星单程运输潜力，以及不到 3 年（包括火星表面停留时间）的载人火星往返运输潜力。委员会还将确定每项技术的关键里程碑和顶层开发与演示路线图。此外，委员会将确定得益于各项技术的成功开发而得以实现的任务。

被重点关注的空间核推进技术是：

1. 将氢推进剂加热到 2 500 K 或更高温度的高性能核热推进（NTP）技术，可产生至少 900 s 的比冲。

2. 将热能转化为电能，从而为等离子体推进器提供动力的核电推进（NEP）技术，可用于高效、快速的大型有效载荷运输［例如：功率水平至少为 1 MWe 且质量功率比（kg/kWe）大大低于当前 NEP 系统技术水平的推进系统］。

## 其他研究参数

委员会获得任命后，NASA 进一步要求委员会的评估要基于一项具体的基线任务进行。该任务为：2039 年执行一项冲型载人火星任务，在此之前，可能将从 2033 年起开展货运任务。委员会在编写本报告时，接受了上述补充指导意见。

委员会还确定，一个 NTP 系统，氢推进剂在反应堆出口处温度约为 2 700 K 时，对应 900 s 的比冲，因此该报告始终将 2 700 K 代替 2 500 K 作为目标推进剂温度。

# 附录B 调查结果和建议

报告中出现的所有结论和建议如下所示。表B.1中列出了专门适用于NEP或NTP系统的相关信息并显示了相应的结论和建议。那些并非特定于NEP或NTP系统的结论和建议被列在表后。

**表B.1 针对核热推进（NTP）或核电推进（NEP）系统的调查结果和建议**

| 针对NTP系统的结论和建议 | 针对NEP系统的结论和建议 |
| --- | --- |
| 结论。NTP燃料特性。在NASA和DOE获得足够的反应堆堆芯设计信息之前，仍需对反应堆堆芯材料（包括燃料）进行大量表征。<br>建议。NTP燃料结构。如果NASA计划将NTP技术应用于2039年的基线任务发射，NASA应迅速选择并验证NTP系统的燃料结构。NTP系统能够实现约2 700 K或更高的推进剂反应堆出口温度（该温度对应于要求的900 s比冲），且在任务寿命期内不会出现重大燃料劣化。选择过程中，应考虑相应的燃料原料生产能力是否充足。 | |
| 结论。NTP系统的$LH_2$贮存。用于基线任务的NTP系统需要在20 K温度下长期贮存$LH_2$，并且该系统能在飞行器组装轨道和任务期间，保证$LH_2$的汽化量最小。<br>建议。NTP系统的$LH_2$贮存。如果NASA计划将NTP技术应用于基线任务，NASA应该开发能够在20K温度下贮存$LH_2$的大容量贮存系统，并且该系统能在飞行器组装轨道和任务期间，保证$LH_2$汽化量最少。 | |

**续表**

| 针对 NTP 系统的结论和建议 | 针对 NEP 系统的结论和建议 |
|---|---|
| | 结论。NEP 系统的功率缩放。开发用于基线任务的 MWe 级 NEP 系统，需要根据 NEP 系统飞行或地面技术示范的参数量级，按比例增加 NEP 系统的功率。 |
| 结论。NTP 建模和仿真、地面试验和飞行试验。小型的 NTP 系统空间飞行试验无法解决与基线任务 NTP 系统相关的许多风险和潜在故障模式，因此不能代替全尺寸的地面试验。通过对全集成系统进行充分的建模仿真和地面试验，包括全尺寸和最大推力的试验，首次载人火星任务之前的货运任务可以满足飞行鉴定要求。<br>建议。NTP 建模和仿真、地面试验和飞行试验。开发能够执行基线任务的 NTP 系统时，NASA 应该依靠：(1)对建模仿真的大量投资；(2)地面试验，包括全尺寸和最大推力下的集成系统试验；(3)使用火星货运任务作为首次载人任务 NTP 系统飞行资格的评估手段。 | 结论。NEP 建模和仿真、地面试验和飞行试验。小型的 NEP 系统空间飞行试验无法解决与基线任务 NTP 系统相关的许多风险和潜在故障模式。通过充分的建模仿真和地面试验，包括全尺寸和最大功率下的模块化分系统试验，首次载人火星任务之前的货运任务可以满足飞行鉴定要求。这里可能不需要完全集成的地面试验。<br>建议。NEP 建模和仿真、地面试验和飞行试验。为了开发能够执行基线任务的 NEP 系统，NASA 应该依靠：(1)对建模仿真的大量投资；(2)地面试验，包括全尺寸和最大功率下的模块化分系统试验；(3)使用火星货运任务作为首次载人任务 NEP 系统飞行资格的评估手段。 |
| 结论。项目成功的 NTP 前景。一项激进的计划有可能开发出一个能够在 2039 年执行基线任务的 NTP 系统。<br>建议。NTP 主要挑战。NASA 应该鼓励与 NTP 基础挑战相关的技术开发，即开发一种 NTP 系统，可以在每次燃烧期间在反应堆出口处将其推进剂加热到大约 2700K。NASA 还应促进在空间环境长期贮存液氢并尽量减少损失、地面试验设施短缺，以及能够迅速使 NTP 系统达到全工作温度(理想情况在 1 min 内或更少)方面相关的技术开发。 | 结论。项目成功的 NEP 前景。由于过去几十年投资少且断断续续，即使现在依托于激进的计划，也不确定是否能够开发出可以在 2039 年执行基线任务的 NEP 系统。<br>建议。NEP 主要挑战。NASA 应鼓励与 NEP 系统挑战相关的技术开发，即扩大每个 NEP 分系统的运行能力，并开发适合基线任务的集成 NEP 系统。此外，NASA 应制定计划，用来：(1) 证明集成 NEP 系统在其多年使用寿命内的运行可靠性；(2) 开发与 NEP 兼容的大型化学推进系统。<br>建议。NEP 技术发展步伐。如果 NASA 计划将 NEP 技术应用于 2039 年的基线任务发射，NASA 应立即加快 NEP 技术的发展。 |

同时适用于 NTP 和 NEP 系统的结论和建议

**结论：方案择优。**目前，没有对用于载人火星总体任务和基线任务的 NEP 和 NTP 系统进行等价方案择优比较。

**建议：方案择优。**NASA 应制定一致的性能指标和技术要求，以便客观比较 NEP 和 NTP 系统是否具有满足 2039 年发射基线任务要求的能力。

**结论：NEP 和 NTP 的共同点。**尽管成熟度水平不同，NEP 和 NTP 系统需要在核反应堆燃料、材料和其他反应堆技术领域（包括低温流体管理；建模仿真；试验；安全和监管批准）达到相当成熟的水平。鉴于这些共同点，这些领域的一些开发工作，可以独立于特定空间核推进系统的选择进行。

**结论：浓缩核燃料。**目前还没有针对 NTP 和 NEP 系统的 HALEU 与 HEU 的综合评估，无法衡量关键因素。需要被权衡考虑的因素包括：适用于基线任务的技术可行性和难度、性能、扩散和安全、燃料可用性、成本、进度和供应链。

**建议：浓缩核燃料。**在近期内，NASA 和 DOE 应在商业界和学术界等其他利益相关者的投入下，对应用于基线任务的 NTP 和 NEP 系统的 HEU 和 HALEU 燃料各自优势和挑战进行全面评估。

**结论：与地面和国防核系统的协同作用。**与目前的空间核推进系统计划相比，地面微型反应堆的功率水平可与 NEP 反应堆相媲美，其开发和演示验证的时间计划更快。微型反应堆的开发可以提供与 NEP 系统开发相关的技术突破和经验教训。同样，DARPA DRACO 计划内的技术进步可能有助于为基线任务开发 NTP 系统。

**建议：与地面和国防核系统的协同作用。**NASA 应寻求与美国 DOE 和 DoD 地面微型反应堆计划以及 DARPA DRACO 计划合作的机会，以确定与 NASA 空间核推进计划的协同作用。

# 附录C 委员会成员介绍

**罗伯特·D. 布朗**（ROBERT D. BRAUN），联合主席，现任加州理工学院喷气推进实验室的行星科学部主任，在那里他领导和管理实验室行星科学探测项目的规划、技术、实施和运营活动。在此之前，他曾任科罗拉多大学博尔德分校工程与应用科学学院院长。2010 年和 2011 年，作为 NASA 首席技术专家，他担任该机构技术政策和项目的高级主管。此前，他是佐治亚理工学院（Georgia Tech）的一名教员，在那里他领导了一项研究和教育计划，重点研究先进飞行系统设计和行星探索技术。在加入佐治亚理工学院之前，布朗博士在 NASA 兰利研究中心工作了 16 年。在 NASA 期间，他参与了多个航天项目的设计和飞行运行，包括火星探路者任务。布朗博士是美国国家工程院（NAE）院士、美国航空航天学会（AIAA）和美国宇航学会的会员，并且是 300 多篇技术出版物的作者或合著者，其著作覆盖大气飞行动力学、行星探索系统、多学科设计优化和系统工程等领域。他获得了斯坦福大学航空航天专业的博士学位。他之前曾在国家科学院、工程院和医学院的多个委员会任职，并担任空间研究委员会副主席。

**罗杰·M. 迈尔斯**（ROGER M. MYERS），联合主席，是 R. Myers 咨询公司的所有者。他是一名高级航空航天顾问，在空间技术开发、飞行计划和空间任务架构规划方面拥有 30 多年的经验。他目前为多个客户提供空间推进和动力系统（包括常规和核系统）、项目管理和战略规划方面的专业知识。他从 Aerojet Rocketdyne 公司退休，退休前曾担任该公司高级空间计划的执行主任。在该职位上，他负责为美国国防部（DoD）、NASA 和商业部门监督下一代空间任务架构、推进系统、动力系统和空间飞行器的计划和战略规划。

除了化学和非核电力推进系统之外，还包括核热推进和核电推进系统。他还担任过 Aerojet Rocketdyne 公司电推进和集成系统的执行主任，其工作重点是下一代化学和电力空间推进系统和飞行器的开发和生产。迈尔斯博士还担任过 Aerojet Rocketdyne 公司空间和发射系统的副主管和雷德蒙德运营部总经理。在加入 Aerojet Rocketdyne 公司之前，他在 NASA 的格伦研究中心担任监督和研究方向的职位，从事机载推进器领域的研究。他撰写了 80 多篇关于航天器推进和先进任务架构的出版物，他曾担任 AIAA 电推进技术委员会的主席、《推进与动力》杂志（Journal of Propulsion and Power）的副主编。迈尔斯博士曾任电火箭推进协会（ERPS）主席、华盛顿州科学院院长、华盛顿州航空航天技术创新联合中心主席，以及 ERPS 董事会成员和西雅图飞行博物馆董事。他是 AIAA 的会员，并获得了 AIAA Wyld 推进大奖（Propulsion Award）和 ERPS Stuhlinger 奖以表彰其在电推进方面的杰出成就。他拥有普林斯顿大学机械和航空航天工程专业博士学位。

**香农·M. 布拉格-西顿**（SHANNON M. BRAGG - SITTON）是巴特尔能源联盟爱达荷国家实验室（INL）核科学与技术理事会综合能源系统的负责人。在此职位上，布拉格-西顿博士担任 INL 综合能源系统实验室计划（IES）的联合主任，重点领域包括热能发电、电力系统、数据系统以及化学反应过程和工业应用。她还担任能源部（DOE）应用能源第三实验室联盟的 INL 负责人，该联盟包括 INL、国家可再生能源实验室和国家能源技术实验室。自加入 INL 以来，布拉格-西顿博士在美国能源部核能办公室（DOE - NE）计划中担任过多个领导职务。她目前担任交叉技术开发部门的 DOE - NE IES 计划国家技术总监。在加入 INL 之前，布拉格-西顿博士是得克萨斯农工大学核工程系的助理教授和洛斯阿拉莫斯国家实验室的技术人员，在此期间，她在 NASA 马歇尔航天飞行中心任职。在这些经历中，她的主要研究领域是空间核动力和推进系统，包括用于月球或火星任务的核电推进和核热推进，以及核表面能源的系统设计、分析和测试。布拉格-西顿博士还在 INL 期间领导了核热推进的燃料开发工作。她拥有密歇根大学核工程博士学位。

**乔纳森·W. 西坦**（JONATHAN W. CIRTAIN）是 Advanced Technologies 公司的总裁，该公司是 BWX Technologies，Inc.（BWXT）的子公司，是美国海军唯一的核反应堆制造商。此前，西坦博士是橡树岭国家实验室（ORNL）转型挑战反应堆项目的负责人。这是一个使用 3D 制造和人工智能系统设计用于制造高温气体反应堆的示范项目。西坦博士还担任过 NASA 马歇尔航天飞行中心科学办公室主任。在 BWXT，西坦博士领导了为政府和商业客户开发先进反应堆的计划，以及新型放射性药物产品的开发和制造。西坦博士获得了无数奖项，包括总统科学家和工程师早期职业奖、NASA 杰出成就奖和 NASA 杰出科学成就奖。他获得了蒙大拿州立大学物理学博士学位。

**塔比莎·多德森**（TABITHA DODSON）是一名工程科学家，Gryphon - Schafer Government Services 公司的科学工程和技术顾问。她还是国防高级研究计划局敏捷地月行动计划验证火箭的首席工程师，该计划正在开发核热推进系统。此前，多德森博士是空军理工学院（AFIT）航空航天系的兼职教授。她曾在美国空军担任过多个职位，包括航天工程师和高级科学家，涉及航天器工程、空间动力和空间推进领域。她的研究兴趣和经验包括核热推进燃料的开发；先进的空间推进；以及核、量子和等离子体物理学和等离子体工程。她拥有 AFIT 的应用物理学博士学位、乔治华盛顿大学机械和航空航天工程专业的博士学位。

**亚历克·D. 加利摩**（ALEC D. GALLIMORE）是 Robert J. Vlasic 工程学院院长、Richard F. and Eleanor A. Towner 工程教授，也是密歇根大学航空航天工程系的 Arthur F. Thurnau 教授，他是密歇根大学等离子动力学和电力推进实验室的创始人及联合主任。此前，加利摩博士曾担任密歇根大学工程学院学术事务副院长、研究和研究生教育副院长，以及 Horace H. Rackham 研究生院副院长。

他的主要研究兴趣包括电推进和等离子体诊断。他拥有广泛的电推进技术经验，包括霍尔推进器、离子推进器、电弧喷射器、射频等离子体源、100 kWe级稳态磁等离子体动力（MPD）推进器和MWe级准稳态MPD推进器。加利摩博士完成了多项探针、微波和光学/激光等离子体诊断工作。他是NAE院士，并曾在NASA和DoD的顾问委员会任职，包括美国空军科学顾问委员会。他获得了美国空军授予的文职人员勋章，并且是AIAA成员。他拥有普林斯顿大学航空航天工程专业博士学位。

**詹姆斯·H. 吉兰**（JAMES H. GILLAND）是俄亥俄航空航天研究所的高级科学家，并在该研究所工作了19年。其间吉兰博士领导并完成了太阳能和NEP系统的任务和系统研究，他还开展了大功率电推进推进器概念的研究，包括MPD推进器、霍尔推进器和创新的波加热概念。吉兰博士是NASA高级概念研究所的研究员和AIAA的副研究员。他获得了威斯康星大学麦迪逊分校核工程和工程物理学博士学位。

**巴维亚·拉尔**（BHAVYA LAL）是NASA的高级雇员。在加入NASA之前，她在IDA科技政策研究所（STPI）领导空间技术和政策项目。在过去的25年里，拉尔博士将她在工程系统和创新理论与实践方面的专业知识发展并应用于空间领域，在涉及近地轨道和深空商业活动在内的一系列领域进行了分析，包括轨道服务组装和制造、载人探索、空间核电和空间科学。在加入STPI之前，拉尔博士是C-STPS公司的总裁，这是一家位于马萨诸塞州沃尔瑟姆的科技政策研究和咨询公司。在此之前，她是马萨诸塞州剑桥市Abt Associates公司科技政策研究中心的研究员和主任。拉尔博士拥有麻省理工学院（MIT）的核工程学士和硕士学位、麻省理工学院技术和政策专业的硕士学位，以及乔治华盛顿大学公共政策和公共管理专业博士学位。

**帕维兹·莫因**（PARVIZ MOIN）是Franklin P. and Caroline M. Johnson机械工程教授，也是斯坦福大学湍流研究中心（CTR）

的主任。CTR 成立于 1987 年，致力于多物理场湍流的基础研究，被公认为湍流研究的国际前沿机构，吸引了来自工程、数学和物理学的不同研究群体。莫因博士率先将直接数值模拟和大涡模拟技术用于湍流物理研究、控制和流体力学建模，他撰写了大量关于湍流剪切流结构的文章。他目前的研究兴趣包括高超声速流动、两相流动、气动噪声、水声学、气动光学、推进、多尺度问题的数值化方法和流程控制。莫因博士是《流体力学年刊》的联合主编和《计算物理学杂志》的副主编。他是 NASA 杰出科学成就奖章、AIAA Lawrence Sperry 奖、美国物理学会（APS）流体动力学奖、AIAA 流体动力学奖和 NASA 杰出领导奖的获得者。莫因博士是西班牙皇家工程院院士。他是美国国家科学院和工程院的院士，也是 APS、AIAA 和美国艺术与科学学院的研究员。他也获得了斯坦福大学机械工程博士学位。

**小约瑟夫·A. 肖蒂斯**（JOSEPH A. SHOLTIS，JR.）是 Sholtis 工程和安全咨询公司（Sholtis Engineering & Safety Consulting）的所有者和负责人，自 1993 年以来为政府、国家实验室、工业界和学术界提供核、航空航天和系统工程的专家咨询服务。在此之前他在美国空军担任中校，曾担任核研究官和系统开发项目经理 22 年，领导开发了各种先进的核技术和系统，用于太空、导弹和独特的地面应用。肖蒂斯先生是空间核系统及其安全性和可靠性以及与在空间发射和使用相关的风险方面的专家。他参与了美国空间反应堆和放射性同位素动力系统（RPS）的设计和开发，包括粒子燃料和燃料形式的方案确立和改进，以提高未来 RPS 的性能和安全性。他曾参与 15 次美国核动力或核热推进空间任务的发射安全和任务风险分析评估；担任 SP－100 空间反应堆项目的项目经理；向联合国和平利用外层空间委员会（特别是空间核动力源工作组）的美国代表团提供咨询；并在 NASA 空间探索计划的核推进核安全政策工作组和 NASA 的核电评估研究组中任职 。他是 AIAA 的副研究员、AIAA 航空航天动力系统技术委员会的成员（领导其团队制定

AIAA美国空间核动力系统白皮书)、美国核学会（ANS）和ANS三一小组的名誉成员，前核监管机构委员会授权的高级反应堆操作员，武装部队放射生物学研究所的1.0 MWt TRIGA Mark－F脉冲研究和测试反应堆设施主任，控制台操作时间超过2 000 h，脉冲操作超过100次。他撰写了100多篇技术出版物，包括四本教科书中的章节，并获得了国防部、美国空军、美国陆军、美国能源部、桑迪亚国家实验室、NASA、喷气推进实验室和白宫的多个奖项。

**史蒂文·J. 辛克尔**（STEVEN J. ZINKLE）是田纳西大学诺克斯维尔分校核工程和材料科学与工程系的核材料讲席教授。此前，他是美国能源部ORNL核科学与工程理事会的首席科学家和ORNL材料科学与技术部主任。辛克尔博士的研究包括物理冶金学和结构材料的先进制造，以及用于聚变和裂变能量系统的陶瓷和金属合金的辐射效应研究。他是国家工程院院士。他获得了威斯康星大学麦迪逊分校核工程博士学位。

# 附录 D　缩略语

| | |
|---|---|
| AC | 交流电 |
| AEPS | 先进的电推进系统 |
| ANL | 美国阿贡国家实验室 |
| ARDP | 先进反应堆示范计划 |
| $B_4C$ | 碳化硼 |
| BeO | 氧化铍 |
| cercer | 陶瓷-陶瓷 |
| cermet | 陶瓷-金属 |
| DARPA | 美国国防高级研究计划局 |
| DC | 直流电 |
| DoD | 美国国防部 |
| DOE | 美国能源部 |
| DOE - NE | 美国能源部核能办公室 |
| EP | 电推进 |
| FSP | 核裂变表面能源计划 |
| HALEU | 高富集度低浓缩铀<br>（即浓缩铀中含有 5% 至 20% 的铀 - 235） |

| | |
|---|---|
| HEU | 高浓缩铀（即浓缩铀含量超过 20% 的铀－235） |
| $I_{sp}$ | 比冲 |
| JIMO | 木星冰卫星轨道器 |
| kWe | 千瓦电力 |
| $LH_2$ | 液氢 |
| LiH | 氢化锂 |
| LOX | 液氧 |
| M&S | 建模与仿真 |
| Mo | 钼 |
| MPD | 磁等离子体动力推进 |
| MWe | 兆瓦电 |
| MWt | 兆瓦热 |
| NbC | 碳化铌 |
| NEP | 核电推进 |
| NERVA | 运载火箭用核发动机 |
| NEXT－C | 美国国家航空航天局的进化版氙气推进器—商用 |
| NextSTEP | 用于探索合作伙伴关系的下一代空间技术 |
| NRIC | 美国国家反应堆创新中心 |
| NSTAR | 美国国家航空航天局太阳能技术应用预备 |
| NTP | 核热推进 |

| | |
|---|---|
| PMAD | 电源管理和分配 |
| PMS | 推进剂管理单元 |
| PPU | 电源处理单元 |
| | |
| SEP | 太阳能电推进 |
| SNAP | 核辅助电源系统 |
| SNTP | 空间核热推进项目 |
| | |
| Ta | 钽 |
| TFE | 热离子燃料元件 |
| TOPAZ | 热离子操作反应堆活性区 |
| | |
| UC | 碳化铀 |
| $UC_2$ | 二碳化铀 |
| UCO | 碳氧化铀 |
| UN | 氮化铀 |
| $UO_2$ | 二氧化铀 |
| | |
| W | 钨 |
| $WUO_2$ | 钨二氧化铀 |
| | |
| ZPC | 零功率临界 |
| ZrC | 碳化锆 |
| ZrH | 氢化锆 |

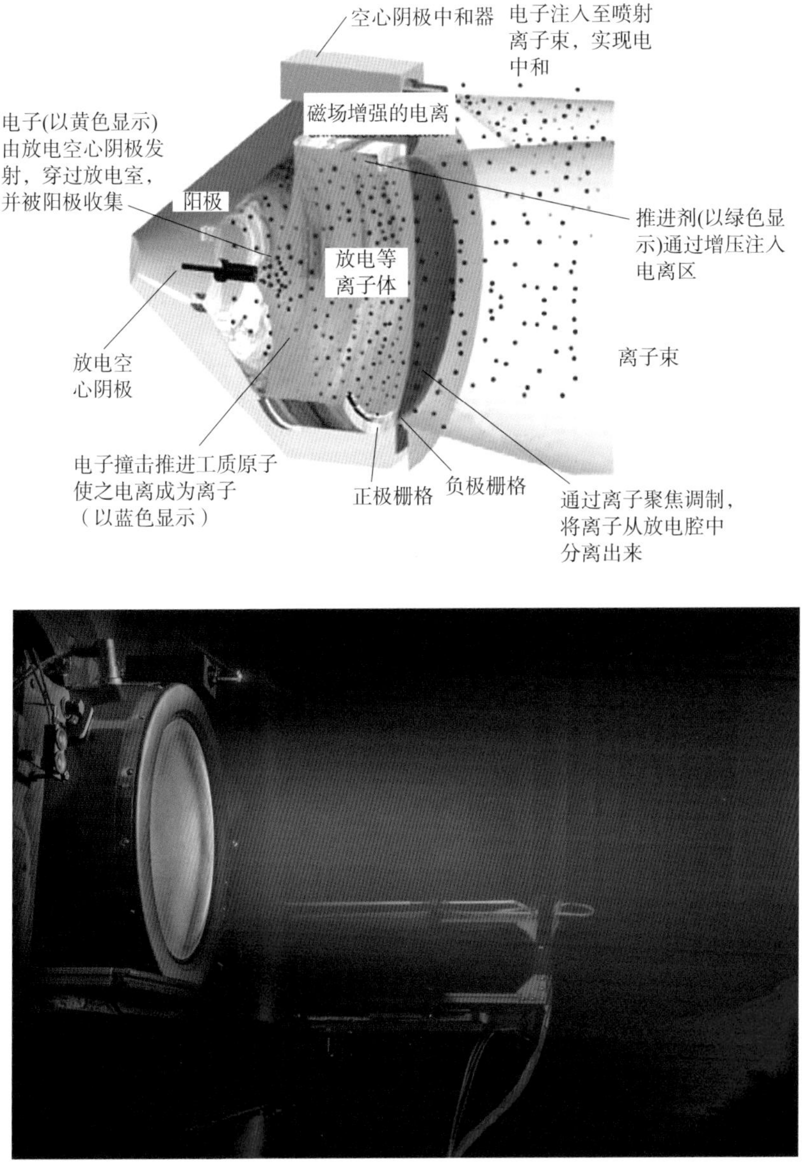
空心阴极中和器
电子注入至喷射离子束，实现电中和
磁场增强的电离
电子(以黄色显示)由放电空心阴极发射，穿过放电室，并被阳极收集
阳极
推进剂(以绿色显示)通过增压注入电离区
放电等离子体
放电空心阴极
离子束
电子撞击推进工质原子使之电离成为离子（以蓝色显示）
正极栅格
负极栅格
通过离子聚焦调制，将离子从放电腔中分离出来

图 3-3　离子推力器。来源:NASA(P61)

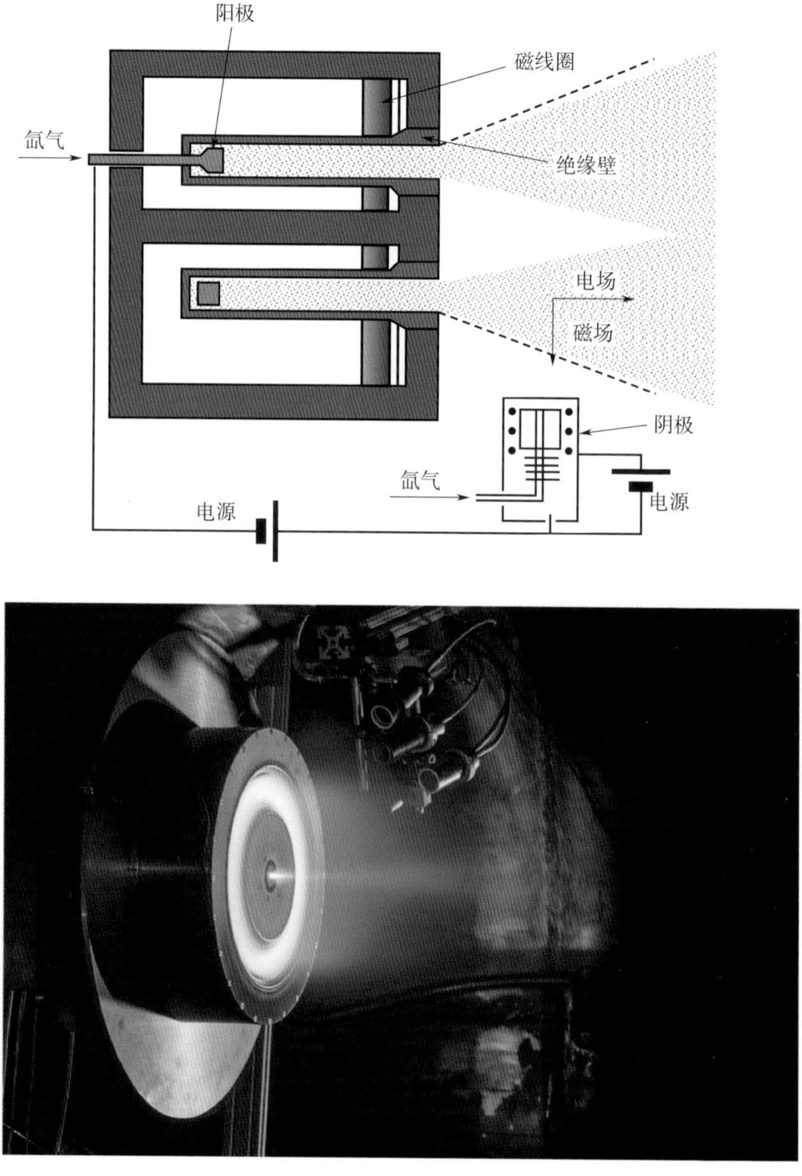


图 3－4　霍尔推力器。来源：NASA(P62)

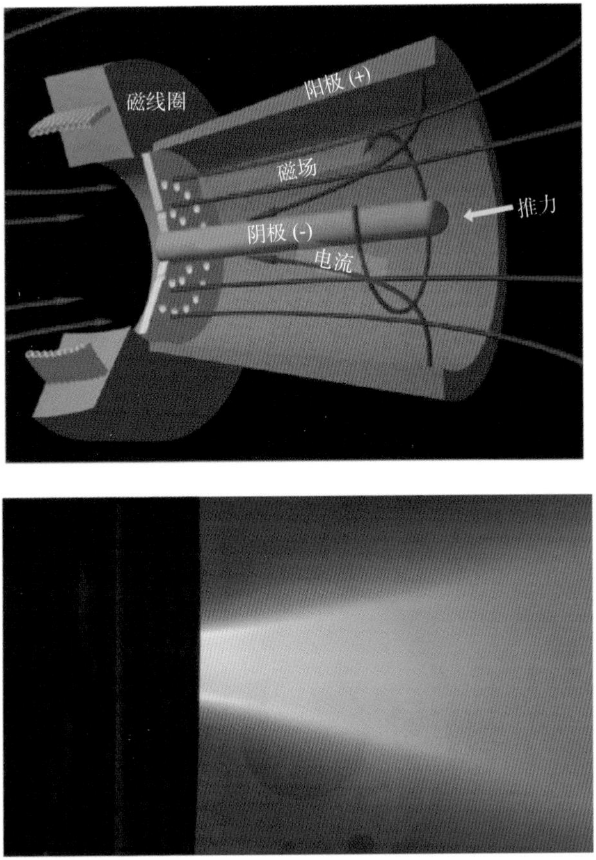


图 3-5　MPD 推力器。来源:Electric Propulsion and Plasma Dynamics Laboratory, Princeton University(P64)

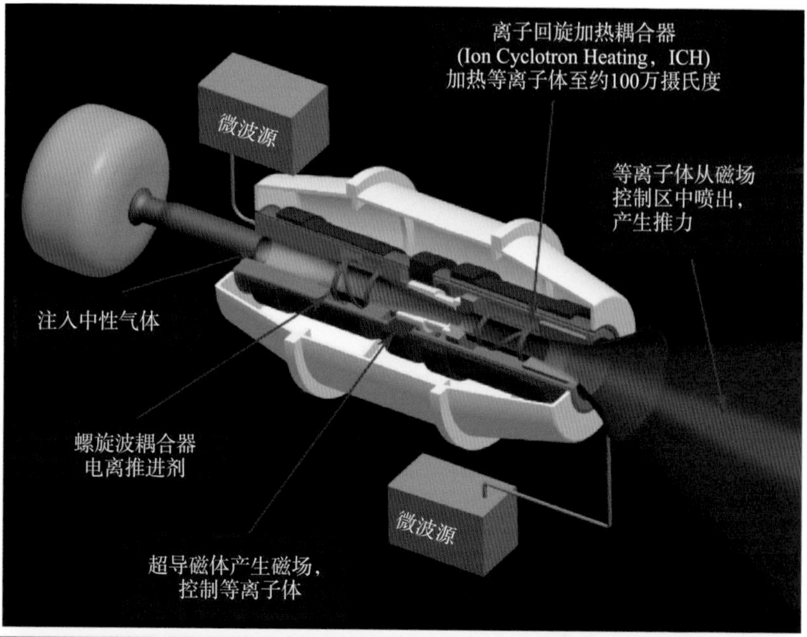


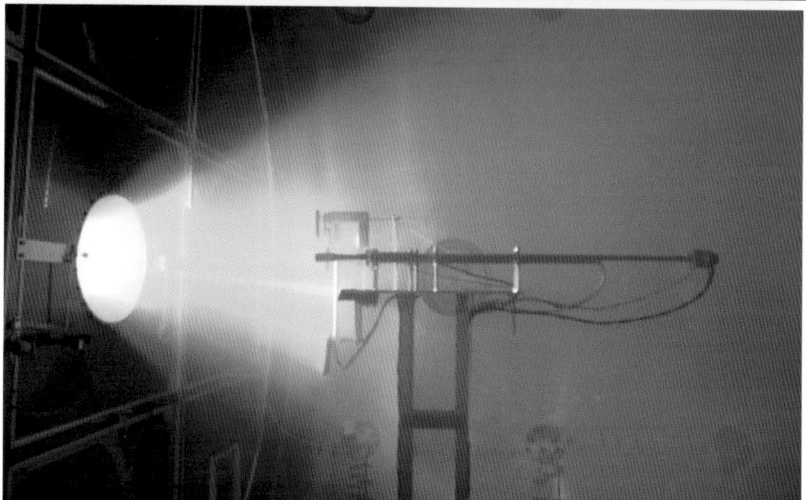

图 3-6　VASIMR® 推力器。来源：Ad Astra Rocket 公司授权使用(P66)